LBS T 124

angezweifelt.

PHOENIXX ENTERTAINMENT

Der Tuning Ratgeber

Impressum

HEEL Verlag GmbH
Gut Pottscheidt
53639 Königswinter
Telefon 02223 9230-0
Telefax 02223 923013
info@heel-verlag.de
www.heel-verlag.de

2. Auflage 2021

Verantwortlich für den Inhalt:
Denis Marasciulo in Zusammenarbeit mit
Heiner Manthey TÜV Süd Tuning

Projektbetreuung, Konzeption und Lektorat:
Jürgen Schlegelmilch

Lithographie, Satz und Gestaltung:
F5 Mediengestaltung Ralf Kolmsee, Bonn

Printed in Slovenia

ISBN 978-3-96664-137-1

Titelfoto: © Matthias Pister/Unlimited-Customs
Fotonachweis:
Alle Bilder Archiv Denis „Phoenixx" Marasciulo, außerdem: Zsolt Bolgar/Cars and Bikes World (S. 69); Forgiato Designs (S. 66, 130, 131 oben, 132 oben); HEEL Verlag Archiv (S. 30, 194, 197 unten, 200, 202); Opel Automobile GmbH (S. 29 unten, 198/199); Michael Leitzinger & Frank Markus „fast-photo" (S. 53); AC Schnitzer (S. 100 oben, 121); Airworks Customs (S. 167 rechts unten, 171 links oben); Alpina (S. 145); Audi AG (S. 115 oben, 188 oben); Fabian Bahle (S. 47 unten);Felix Beigl/FB Performance (S. 169 oben, 170 links oben u. links unten, 171 Mitte oben u. rechts); BMW AG (S. 82, 143 unten,152 oben); CrewX Performance (S. 98 oben, 100 unten, 102, 103 links oben, 104 links u. rechts unten, 105, 106); Daimler AG (S. 8, 29, 64/65, 153); Bodo Ehrhardt, PHK/Polizei RLP, PP ELT (S. 82, 83, 120 Mitte links, 124 unten, 125 rechts oben, 171 unten, 184, 185, 186 links oben); FCA (S. 190/191, 193 oben); Ford (S.193 unten, 201 Mitte und unten); Greg-Works Photography (S. 55 unten, 67 oben, 80, 117 oben, 129 rechts oben); Roland Herberth (S. 125 links Mitte); KW automotive GmbH (S. 26/27, 33, 34-41, 43, 50); Messe Essen (S. 116); Nissan Corp. (S. 192); OSRAM Group (S. 188 unten); OTTO FUCHS (S. 75); Thierry Panter (S. 99 links unten); picture alliance (S. 21, 196, 197 oben); Porsche AG (S. 13, 69, 73 rechts); RHD Speedmaster (S. 82, 83); Jürgen Schlegelmilch (S. 108 rechts oben, 131 unten, 143 oben, 166 links oben); Carsten Schmitt (S. 187 rechts unten); SCHROTH & (S. 169 unten); A. Sievers GmbH Autoschilder (S. 127); Speedy Shots (S. 118 oben, 120 rechts Mitte, 125 links oben, 173, 174 unten); Jan Strunk/JAST Photographie (S. 24, 45 links, 46 links, 52, 71 oben, 74 rechts, 94/95, 97 oben, 108 rechts unten, 109 rechts, 112/113, 115 unten, 117 unten, 120 links oben, 124 links oben, 129 links oben, 131 Mitte, 132 unten, 134/135, 137,144 oben u. unten, 148/149, 150, 157 unten, 163, 172, 178, 179 rechts oben, 200, 201 oben, 205, 206); ST Suspension (S. 68, 89 links oben); The Rocc/Mario Michael (S. 87, 120 rechts oben); Tomason (S. 70, 77 unten); Volkswagen AG (S. 175, 176/177, 180); Jan Weiden (S. 103 rechts unten); Weiher Oberflächenveredelung/Unlimited-Customs (S. 77 oben); Michael Zimmermann TÜV SÜD Akademie Ulm/ Marcel Kübler (S. 10/12)

DENIS MARASCIULO

angezweifelt.
PHOENIXX

DER TUNING RATGEBER

IN ZUSAMMENARBEIT MIT
HEINER MANTHEY
TÜV SÜD TUNING

TIEFER, SCHNELLER, BREITER – ALLES LEGAL

HEEL

Vorwort

Hallo lieber Tuning-Fan,
mir ist kein Hobby bekannt, bei welchem es mehr Unwissenheit und Falschwissen gibt als im Bereich des automobilen Tunings. Wie tief darf ich mein Auto schrauben? Gibt es den Schleifpunkt nur bei der Kupplung oder auch in Verbindung mit dem Fahrwerk? Wieso darf der Sound meiner Abgasanlage nicht dem eines Eurofighters ähneln oder das Surfbrett aus der Garage in keinster Weise als Spoiler umfunktioniert werden?

All diese und viele andere Fragen versuche ich gemeinsam mit Heiner Manthey, Sachverständiger beim TÜV SÜD und Spezialist im Bereich Tuning, ausführlich und mit spannendem Bildmaterial in diesem Ratgeber zu beantworten. Zusammen möchten wir gerne versuchen, euch durch den Paragraphen-Dschungel, die damit verbundenen Auflagen und deren Richtlinien zu führen. Denn nur wenn alles legal ist, können wir der nächsten Kontrolle entspannt entgegen sehen und unsere Leidenschaft für schöne, schnelle und auffällige Autos teilen. Zur Unterstützung und besseren Verständlichkeit findet ihr in den jeweiligen Kapitel QR-Codes. Sie verlinken auf meine Videoreihe „#angezweifelt", wo wir über verschiedene Aspekte und Probleme im Bereich Tuning sprechen.

Kurz etwas über mich: In der Tuning-Szene bin ich, Baujahr 1983, seit 2005 unter dem inzwischen wunderbar etablierten Namen „Phoenixx" bekannt. Bereits im Kindesalter haben mich laute Abgasanlagen und schnelle Autos fasziniert. Schuld an dem Ganzen sind sicherlich die automobilen Gene, die mir mein Vater in die Wiege gelegt hat. Ich erinnere mich noch heute, wie ich als Pampers-Rocker kaum über die Haube unseres BMW 2002 tii schauen konnte und ihm beim Schrauben im Hof geholfen habe. Und so begleitet mich die Faszination für das Auto und alles Fahrbare bis heute: Zehn Jahre meines Lebens habe ich damit verbracht, von kleinen Parkplatztreffen bis hin zu großen Messe Events, Tuning und Tuner zu verbinden. In dieser Zeit habe ich viele Trends kommen und gehen sehen und mich immer wieder gefragt, wie man die Grenzen des „Legalen" ausreizen könnte. Heute versuche ich aktiv, legales Tuning zu kommunizieren und den Nachwuchs an die Hand zu nehmen, damit sie dieses Hobby rechtskonform und legal ausleben können.

Seit einigen Jahren darf ich außerdem bei verschiedensten Firmen der Tuning-Industrie als Markenbotschafter die Flagge hochhalten. Aufgrund der „sozial-medialen" Präsenz habe ich seit 2017 durch meinen langjährigen Freund und Polizisten Rick Lowag das Privileg, gelegentlich an der Polizeischule in Bruchsal als Tuning-Spezialist vor den Abschlussklassen zu dozieren, auch um eine gegenseitige und respektvolle Akzeptanz zu vermitteln. Natürlich trefft ihr mich auf allen möglichen Tuning- und entspannenden Drift-Veranstaltungen, wo ich mich mit coolen Tunern austausche und in spannenden Workshops mit Sachverständigen, Polizisten und fachkundigen Menschen fachsimpel.

Im Jahr 2019 bin ich während einer umfangreichen Eintragungszeremonie gemeinsam mit meinem Freund und Tuning-Spezialisten Heiner Manthey vom TÜV SÜD auf die Idee gekommen, eine Videoreihe zu den gängigsten Tuning-Themen und -Mythen zu produzieren. Die Resonanz der Community auf Youtube war so überwältigend, dass wir uns gemeinsam dazu entschlossen haben, all unser Wissen, technische Hintergründe und selbstverständlich die Grenzen des Tunings noch detaillierter in diesem Buch für euch greifbar und verständlich zu gestalten.

Ich möchte hier aber auch gerne noch meinen Co-Autor und Freund vorstellen, ohne den diese Tuning-Bibel vermutlich nicht und in keinster Weise in diesem fachlichen Umfang zu Stande gekommen wäre.

Da wir gerade bei Heiner Manthey sind: Er ist mehr als nur ein TÜV-Prüfer! Da sein beruflicher Alltag mittlerweile vorrangig aus Eintragungen besteht, konnte er im Januar 2019 seine Erweiterungsprüfung zum amtlich anerkannten Sachverständigen (mB) erfolgreich ablegen. Er beschäftigt sich vorzugsweise mit der Abnahme getunter Fahrzeuge. Als Sachverständiger und leidenschaftlicher Rennfahrer in der Rundstrecken-Challenge Nürburgring (RCN), hat Heiner nicht nur die technische Kompetenz, sondern ist wirklich mit Herzblut bei der Sache – natürlich auch wenn es darum geht, in seiner Funktion als Sachverständiger des TÜV SÜD, das eine oder andere Projekt legal auf die Straße zu bringen.

Zum Schluss möchte ich mich noch bei meiner Familie sowie allen Freunden und Mitwirkenden bedanken, die mich bei diesem Projekt unterstützt haben. Besonderer Dank geht an Thomas Wachsmut von www.tuningblog.eu, der mir sein Tuning-Wiki zur Recherche bereitgestellt hat.Und da auch uns der Anspruch antreibt, immer besser werden zu wollen, freuen wir uns auf reges Feedback von euch. Schreibt uns gerne eure Kritik, Anregungen und Fragen unter: info@angezweifelt.com.

In diesem Sinne wünschen wir euch viel Spaß bei dieser Lektüre und bei der Umsetzung eurer persönlichen Tuning-Projekte.

Denis Marasciulo &
Heiner Manthey,
November 2020

INHALT

PHOENIXX BMW
MORE POWER. MORE ADRENALIN. MORE CHARACTER
Safety Car
Official Car of Phoenixx Racing
the real freakshow is under the hood
KA MY 36
DIRTY
Racecar

ANGZWFLT.

TÜV SÜD
TÜV
SÜD
TUNING

PAPIERKRAM

Papierkram

PARAGRAPHEN, DOKUMENTE UND DIE TROCKENE THEORIE

Widmen wir uns doch zu Beginn gleich einmal dem vermutlich unspektakulärsten, aber sicherlich elementarsten Thema dieses Buchs: die Genehmigungen. Schließlich gestaltet sich ohne ein gehöriges Maß an Verständnis für die erforderliche Bürokratie jeder Versuch, Tuning-Maßnahmen regelkonform umzusetzen, sehr schwierig.

Über welche Dokumente und Prüfzeugnisse die gängigsten Tuning-Teile verfügen sollten, veranschaulicht die folgende Tabelle.

§19(2) StVZO Einzelabnahme

Eine Begutachtung nach §19(2) StVZO (Straßenverkehrs-Zulassungs-Ordnung) wird immer dann notwendig, wenn am Fahrzeug willentlich Änderungen vorgenommen werden, welche

- **das Geräusch- oder Abgasverhalten ändern**
- **die Fahrzeugart ändern**
- **eine Gefährdung hervorrufen können.**

Eine Gefährdung liegt in der Regel immer vor, sobald durch ein Bauteil wesentliche Vorschriften wie vorstehende Außenkanten, Fahrverhalten, Fußgängerschutz oder auch die Betriebsfestigkeit des Fahrzeugs beeinflusst werden. Ist dies der Fall, erlischt die Betriebserlaubnis und es muss ein Gutachten zur Neuerteilung einer Betriebserlaubnis nach §21 StVZO erstellt werden.

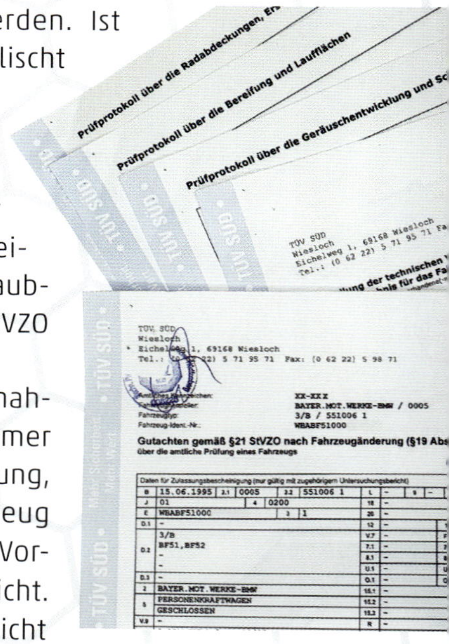

Eine Einzelabnahme ist dabei immer eine Bescheinigung, dass das Fahrzeug den geltenden Vorschriften entspricht. Ist also ein Teil nicht explizit für euer Fahrzeug zugelassen, muss geprüft werden, ob es für das Fahrzeug geeignet ist. Daher müssen auch für eine Einzelabnahme alle erforderlichen Nachweise erbracht werden. Als Grundlage können dafür beispielsweise dienen:

- **Festigkeitsgutachten**
- **Teilegutachten/ABE für andere Fahrzeuge**
- **Technische Berichte**

LINKS: Fängt ja gut an: Dokument einer Begutachtung nach §19(2)/21 StVZO

Alles geregelt und mit Papieren: Porsche Tequipment bietet als Verjüngungskur für Gebraucht-Elfer einen Basissatz für umfangreiche Individualisierungen.

Bauteil	ABE	Bauart-genehmigung	Einzel-abnahme	Teile-gutachten	Nicht zulässig
Abgasanlage	X			X	
Beleuchtungseinrichtungen		X			
Bremsen	X	X	X	X	
Bullenfänger					X
Chip-Tuning			X	X	
Distanzscheiben	X			X	
Getriebe			X		
Gurtsysteme		X			
Hubraumänderungen			X		
Kotflügel	X			X	
Reifen		X			
Scheiben		X			
Spoiler	X			X	
Sportfelgen	X	X	X	X	
Sportgrill	X			X	
Sportlenkrad	X			X	
Sportluftfilter			X	X	
Sportsitze	X		X	X	
Stoßstangen	X			X	
Überrollkäfig	X		X	X	

§19(3) StVZO Änderungsabnahme

Wie bereits erwähnt, erlischt die Betriebserlaubnis, sobald willentliche Änderungen am Fahrzeug vorgenommen werden. Immer? Nein! Sofern

- **ein Teilegutachten**
- **eine Allgemeine Betriebserlaubnis**
- **eine EG- oder ECE-Genehmigung**
- **einen Nachtrag aus der Fahrzeughomologation**

vorliegt, kann die Betriebserlaubnis unter gewissen Umständen bestehen bleiben.

Bei einem Teilegutachten muss der ordnungsgemäße Anbau immer von einem Prüfingenieur oder Sachverständigen bestätigt werden. Dies geschieht durch eine Anbauabnahme nach §19(3) StVZO. Ist diese erfolgt, bleibt die Betriebserlaubnis bestehen. Auch in einer ABE kann gelegentlich die Auflage zur Anbauabnahme aufgeführt sein.

§21 Vollabnahme oder Vollgutachten

Der Paragraph 21 der StVZO regelt unter anderem die Betriebserlaubnis für Einzelfahrzeuge. Sollte ein Fahrzeug beispielsweise länger als sieben Jahre außer Betrieb (abgemeldet) sein und sind für das Fahrzeug bei der Zulassungsbehörde keine Daten mehr vorhanden, so wird für die Wiederzulassung ein neues Gutachten zur Erteilung der Betriebserlaubnis ein so genanntes Vollgutachten benötigt.

Zudem ist ein solches Gutachten bei Fahrzeugen erforderlich, die aus dem Ausland nach Deutschland importiert wurden und keine europäische oder deutsche Betriebserlaubnis besitzen. Fahrzeuge mit EG-Betriebserlaubnis haben immer eine Übereinstimmungserklärung, in der alle Daten erfasst sind. Diese Erklärung wird auch „Certificate of Confirmity", kurz CoC-Papier, genannt.

Bei allen anderen Fahrzeugen muss durch einen Sachverständigen begutachtet werden, ob das Fahrzeug vollumfänglich den Vorschriften der StVZO entspricht.

Ausnahmen für Importfahrzeuge: Oftmals ist es mit vertretbarem Aufwand kaum möglich, ein US-Fahrzeug so zu verändern, dass es vollständig den Richtlinien der EG bzw. den Zulassungsvorschriften der Straßen-Verkehrs-Zulassungs-Ordnung entspricht. Aus diesem Grund erteilen die Zulassungsbehörden von bestimmten Vorschriften eine Ausnahmegenehmigung. Ein Beispiel ist die fehlende Leuchtweitenregulierung bei Fahrzeugen ab dem Erstzulassungsdatum 1. Januar 1990. Eine aufwändige und teure Nachrüstung kann dem Fahrzeugbesitzer so erspart werden.

Allgemeine Betriebserlaubnis (ABE)

Nachdem wir uns eben der Paragraphen-Welt gewidmet haben, kommen wir jetzt zum Bereich der Dokumente, Prüfzeugnisse und Nachweise, um auch hier etwas Licht ins Dunkel zu bringen.

Wenn beim Benzin-Talk von einer ABE die Rede ist, beziehen wir diese Allgemeine Betriebserlaubnis in den meisten Fällen auf irgendwelche Tuning-Parts, wie beispielsweise Anbauteile oder Felgen. An dieser Stelle muss jedoch unterschieden werden, ob es sich um eine Allgemeine Betriebserlaubnis für ein Gesamtfahrzeug (§20 StVZO) oder eine Allgemeine Betriebserlaubnis für ein Fahrzeugteil (§22 StVZO) handelt. Wenn allerdings der Tuner von einer ABE im Zusammenhang mit baulichen Veränderungen spricht,

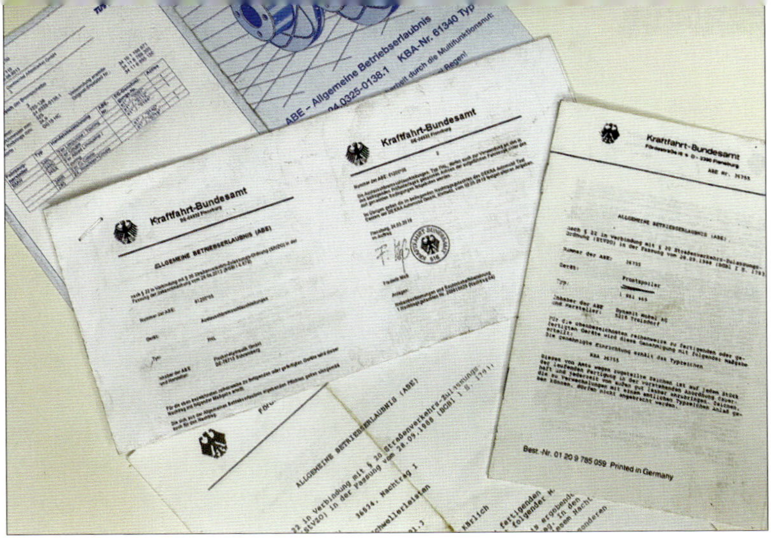

Es gibt viele verschiedene „optische" Ausführungen einer ABE – die Überschrift sollte aber immer die Gleiche sein …

dann ist in der Regel von einzelnen Bauteilen die Rede. Eine ABE sollte den neuerworbenen Tuning-Parts stets beiliegen und folgende Angaben beinhalten:

- **Für welche Fahrzeugtypen ist dieses Bauteil vorgesehen und somit zulässig?**
- **Welchem Zweck dient dieses Bauteil?**
- **Welche Auflagen müssen für die Montage und die Zulässigkeit erfüllt sein?**
- **Wie ist dieses Bauteil zu montieren?**

Wichtig und in jedem Fall zu beachten ist der Hinweis des Herstellers, dass eine unsachgemäße Verwendung des Bauteils – egal, ob an der falschen Stelle oder einfach nur komplett falsch montiert – erhebliche Schäden am Fahrzeug verursacht und auch die Allgemeine Betriebserlaubnis des Fahrzeugs sowie der Versicherungsschutz erlöschen kann.

Aber Vorsicht! Eine ABE garantiert nicht immer die Zulässigkeit der durchgeführten Tuning-Maßnahmen: Selbst wenn für jedes einzelne verwendete Bauteil eine Betriebserlaubnis vorliegt, heißt das noch lange nicht, dass sie auch zusammen verbaut werden dürfen. Hierbei spricht man von „gegenseitiger Beeinflussung bei Kombinationen von Änderungen". Die verbauten Teile wurden nicht in der angewendeten Kombination zusammen geprüft und genehmigt. Welche Teile sich gegenseitig beeinflussen, regelt die Eintragungsmatrix.

Gegenseitige Beeinflussung bei Kombinationen von Änderungen

Art der Änderung

(-) = keine gegenseitige Beeinflussung

(x) = gegenseitige Beeinflussung möglich, in ABE / Teilegutachten / Genehmigung muss ein Hinweis auf die Zulässigkeit der Kombination der Änderung vorhanden sein

Art der Änderung	Abgasverhalten	Auspuffanlage	Änderung am Motor, Leistungssteigerung	Anhängerkupplung	Lenkrad, Lenker	Tieferlegung	Spoiler	Federn, Stoßdämpfer	Spur, Sturz	Rad, Reifen
Rad, Reifen	X	–	X	–	X	X	X	X	X	–
Spur, Sturz	–	–	–	–	X	X	–	X	–	
Federn, Stoßdämpfer	–	X	X	–	–	X	–	–		
Spoiler	–	X	X	X	–	X	–			
Tieferlegung	–	X	–	X	–	–				
Lenkrad, Lenker	–	–	–	–	–					
Anhängerkupplung	–	X	X	–						
Änderung am Motor, Leistungssteigerung	X	X	–							
Auspuffanlage	X	–								
Abgasverhalten	–									

Abbildung 1 / Eintragungsmatrix gem. AKE

Ein Teil mit ABE ist stets an der 5-stelligen KBA-Nummer zu erkennen. In diesem Fall kann davon ausgegangen werden, dass generell eine ABE vorliegt, selbst wenn diese euer Fahrzeug nicht umfassen sollte. Auf jeden Fall ist dies schon mal eine sehr gute Ausgangslage für eine Einzelabnahme.

Apropos Einzelabnahme: Nach §19(2) der Straßenverkehres-Zulassungs-Ordnung (StVZO) führt ein Bauteil zum Erlöschen der Betriebserlaubnis, wenn es nicht durch den Fahrzeughersteller freigegeben ist. Erfahrene Hobby-Schrauber kennen diese Vorgehensweise, gewisse Tuning-Parts durch einen Sachverständigen via Einzelabnahme „eintragen" zu lassen, um die bis dahin erloschene Betriebserlaubnis wieder zu erlangen. Sollten alle Auflagen erfüllt und die Zulässigkeit des Bauteils am Fahrzeug geprüft und vom Sachverständigen bescheinigt sein, erstellt dieser, gemäß §21 StVZO, ein amtliches Gutachten, das bei der zuständigen Zulassungsstelle vorgelegt und in die Zulassungsbestätigung (Fahrzeugschein bzw. Zulassungsbescheinigung Teil I) übertragen wird. Durch diesen Vorgang erteilt die Zulassungsstelle eine neue Betriebserlaubnis. Es obliegt aber der Zulassungsstelle, beispielsweise bei Mängeln im Gutachten, diese Zulassung ggf. zu verweigern.

Sollte im Zuge der Prüfung durch den Sachverständigen festgestellt werden, dass das umgebaute Fahrzeug durch die Veränderung nicht mehr den Vorschriften der StVZO entspricht, kann er eine Nutzungsuntersagung anordnen – mit der Konsequenz, dass keine Eintragung erfolgt, bis alle Mängel und/oder Auflagen erfüllt sind. Ab diesem Zeitpunkt gilt die Betriebserlaubnis als erloschen. Jegliche Fahrten sollten vermieden werden, da es unter Umständen auch Probleme mit der Kfz-Versicherung (kein Versicherungsschutz) geben kann. In der Regel erfolgt eine Nutzungsuntersagung aber nur, wenn die vorgenommenen Änderungen eine akute Gefährdung darstellen.

ANGZWELT.
PRAXISTIPP

***Wichtig:** Eine ABE hat nur dann Gültigkeit, wenn alle Auflagen eingehalten werden.*
Wichtig: Das Erlangen der Betriebserlaubnis erfolgt erst mit erfolgreichem Übertrag der Prüfunterlagen durch die Zulassungsstelle in den Fahrzeugschein.
Ich empfehle immer, alle Tuning-Maßnahmen bereits im Vorfeld mit dem Sachverständigen eures Vertrauens abzusprechen und ihm gegebenenfalls alle vorhanden Unterlagen vor der Montage zur Durchsicht zu übergeben. Dann kann im Einzelfall ein Gutachten nach §19(2)/21 StVZO (Einzelabnahme) erstellt werden, wodurch die Betriebserlaubnis und der Versicherungsschutz für das Fahrzeug gesichert sind.
Perfekte Vorgehensweise:
- *Tuningteil aussuchen, Prüfer des Vertrauens kontaktieren und mit ihm abklären, ob und welche Probleme es bei der Eintragung geben könnte.*
- *Anschließend Teil ordnungsgemäß verbauen und bei der Prüfstelle vorführen.*
- *Nach erfolgreicher Prüfung des Umbaus mit allen Dokumenten zur Zulassungsstelle gehen, eine neue Betriebserlaubnis erteilen lassen und die Änderungen in die Fahrzeugpapiere übertragen lassen.*

Ab jetzt ist alles wieder safe!

Teilegutachten (TG)

Bei vielen Basics aus dem Tuning-Regal wie beispielsweise Sportlenkräder, Abgasanlage oder Distanzscheiben genügen oftmals die Teilegutachten, EG-Typgenehmigungen und der eben schon besprochene Klassiker aller Dokumente – die ABE (Allgemeine Betriebserlaubnis). Für alle anderen baulichen

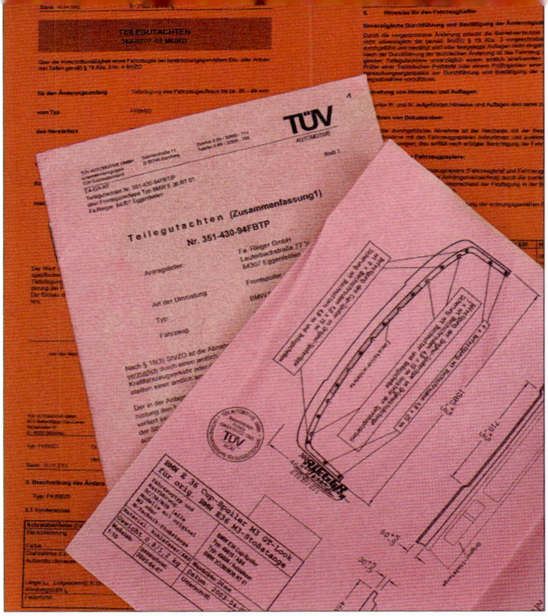

Immer griffbereit bei den Fahrzeugpapieren: Teilegutachten für einen BMW E36 Cup-Spoiler M3 GT-Look, passend für eine originale M3-Stoßstange.

Veränderungen muss dann eine **Einzelabnahme** – auch bekannt unter § 19(2)/21 StVZO – durchgeführt werden.

Mit dem Teilegutachten wird belegt, dass die Teile bei sachgemäßem Anbau den Vorschriften entsprechen. Der Prüfingenieur oder Sachverständige macht die Anbauabnahme nach § 19(3) StVZO **(Änderungsabnahme)**. Anschließend erhält der Tuner eine Abnahmebescheinigung, in der unter anderem aufgeführt ist, ob eine Berichtigung der Fahrzeugpapiere unverzüglich durch die Zulassungsstelle erfolgen muss oder ob das „Eintragen" erst bei nächster Befassung (z. B. Umzug, Halterwechsel etc.) erledigt werden kann.

Die Bauartgenehmigung/ ECE-Genehmigung

Laut §19(4) StVZO ist die Betriebserlaubnis durch den Verbau von Anbauteilen dann nicht gefährdet, wenn die verwendeten Bauteile über ein Prüfzeichen verfügen. Zulässige sind in diesem Zusammenhang die so genannten E-Prüfzeichen, E-Nummern oder auch die EG-Übereinstimmungserklärung.

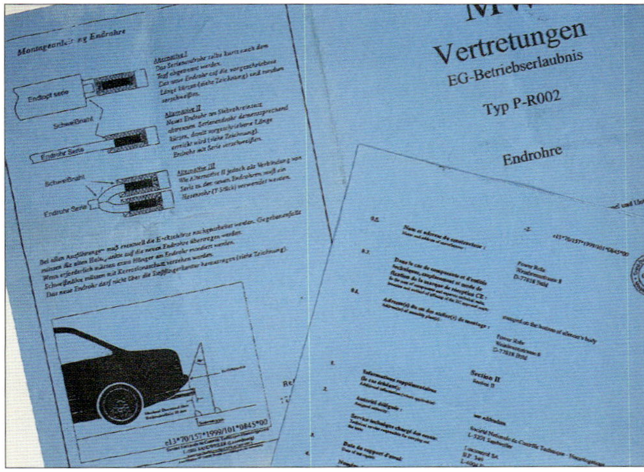

Typische EG-Betriebserlaubnis für Endrohre (Internationale EG-Typengenehmigung).

Die E-Nummer ist im Prinzip eine strengere ABE, wodurch ein von der Europäischen Gemeinschaft fest definierter Standard im Bezug der Fertigung, Prüfung und Zulassung des Bauteils gewährleistet wird. Sie bestätigt, dass durch den Verbau der Teile keine Gefährdung oder Verschlechterung des Fahrzeugs entsteht.

Bei der Bauartgenehmigung wird zwischen nationaler und internationaler Bauartgenehmigung unterschieden.

Nationale Bauartgenehmigung: Prüfzeichen, bestehend aus Wellenlinie, einem Buchstaben und Ziffern. Die nationale Bauartgenehmigung liegt bei Anbauteilen vor, die ausschließlich in Deutschland produziert werden und den Vorschriften der StVZO entsprechen.

EG/ECE-Bauartgenehmigung (§ 21a Absatz 2 StVZO): Diese Bauartgenehmigung setzt sich aus dem Buchstaben **„e" in einem Rechteck (EG-Typengenehmigung)** beziehungsweise **„E" in einem Kreis (ECE-Genehmigung)** und einer Ziffer für die Länderkennung zusammen.

Bauteile, die in Deutschland geprüft wurden, haben die Ziffer „1". Die Genehmigung ist dann aber in allen anderen Ländern der EG und ECE gültig. Ebenso sind Genehmigungen, die in anderen Ländern erstellt wurden, in Deutschland gültig, solange eine deutsche Regelung dies nicht untersagt. Ein Beispiel ist gelbes Fernlicht: Es gibt hierfür Leuchtmittel, die eine EG-Genehmigung für die Lampe an sich besitzen. In Deutschland ist aber gelbes Fernlicht generell verboten. Daher entspricht die Lampe zwar den europäischen Vorschriften, der Einsatz in Deutschland ist aber untersagt. Hier noch eine Übersicht über die E-Nummern:

E1	Deutschland	E7	Ungarn
E2	Frankreich	E9	Spanien
E3	Italien	E11	Großbritannien
E4	Niederlande	E12	Österreich
E5	Schweden	E13	Luxemburg
E6	Belgien	E14	Schweiz

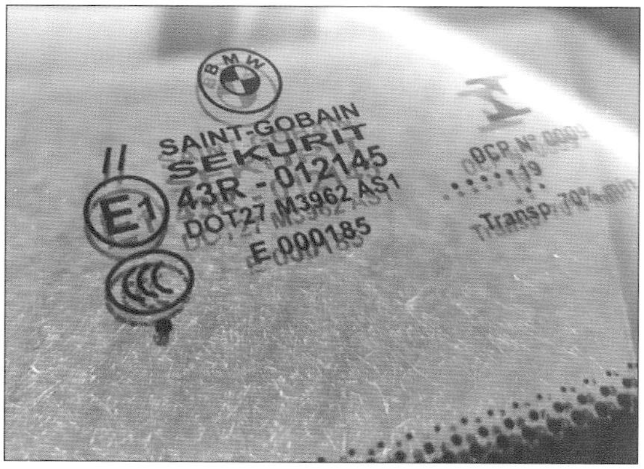

Alles konform: Die Verglasungen sind alle mit E-Prüfnummern versehen.

Allgemeine Bauart-Genehmigung (ABG)
Die Abkürzung ABG steht für die Allgemeine Bauart Genehmigung und ist gesetzlich in der StVZO geregelt. Laut §22a Abs.1 werden alle Fahrzeugteile im Gesetz benannt und diese dort aufgeführten Teile müssen amtlich genehmigt werden bzw. in einer amtlich genehmigten Bauart angebracht sein. Betroffen sind Bauteile wie beispielsweise:

- **Reifen (§36 Absatz 1a)**
- **Scheiben aus Sicherheitsglas/Folien für Scheiben aus Sicherheitsglas (§ 40)**
- **Lichttechnische Einrichtungen wie bspw. Scheinwerfer, Markierungsleuchten, Nebelscheinwerfer, Rückfahrscheinwerfer, Bremsleuchten usw.**
- **Sicherheitsgurte**
- **Rückhalteeinrichtungen für Kinder**

Nach § 22a Absatz 2 StVZO erfolgt das Genehmigungsverfahren gemäß der Fahrzeugteileverordnung (FzTV). Gemäß § 1 Absatz 1 dieser

Abgesehen von Größe und Herstellungsdatum die wichtigste Angabe auf einem Reifen: die E-Nummer.

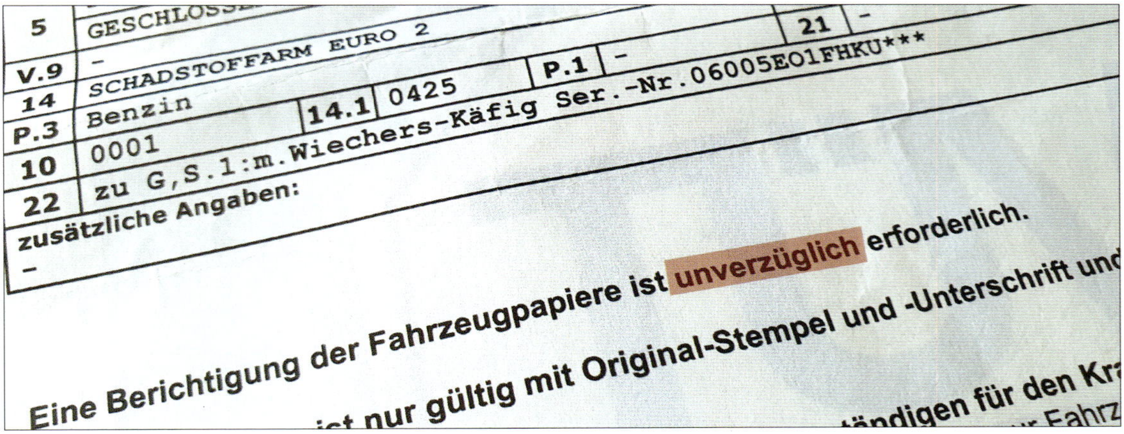

Wichtig: In welchem Zeitraum nach der technischen Prüfung durch einen Sachverständigen muss eine Eintragung in die Fahrzeugpapiere erfolgen? „Unverzüglich" heißt: sofort; „Zeitnah": bei nächster Gelegenheit (z.B. Umzug.)

Verordnung kann die Genehmigung der Bauart von Fahrzeugteilen als **Allgemeine Bauartgenehmigung (ABG)** für seriengefertigte (§§ 2–10) oder als Bauartgenehmigung im Einzelfall **(Einzelgenehmigung/EBG)** für einzelne nicht zu einem genehmigten Typ gehörige Teile vergeben werden (§§ 11–14).

Nichtbauartgenehmigte Fahrzeugteile im Sinne von § 22a Absatz 1 StVZO dürfen nicht zum Verkauf angeboten werden, wenn die objektive Möglichkeit besteht, dass sie in Deutschland und damit im Geltungsbereich der StVZO verwendet werden.

EWG-Betriebserlaubnis

Die EWG-Zulassung oder genauer EWG-Betriebserlaubnis ist genau genommen die europäische Version der Allgemeinen Betriebserlaubnis (ABE). Die EWG-Betriebserlaubnis ermöglicht es also, ein im europäischen Ausland gekauftes und mit einer EWG-Nummer versehenes Anbauteil – sei es nun für ein Auto, ein Motorrad oder ein sonstiges motorisiertes Gefährt – nicht nur zu ver-

Wichtige Utensilien des Prüfers: Zulassungsbescheinigung Teil I, Schreibmaterial und ein – selbstverständlich – genormter Zollstock.

bauen, sondern es genehmigt auch dessen Nutzung!

Allerdings kann auch eine EWG-Zulassung Auflagen beinhalten, etwa die Eintragung des entsprechenden Teils in die Fahrzeugpapiere. Insoweit unterscheidet sich die EWG-Zulassung nicht von der früheren ABE auf nationaler Ebene. Auch die EWG-Zulassung ist, entsprechend der früheren Allgemeinen Betriebserlaubnis, immer mitzuführen. So kann bei einer Kontrolle der Abgleich zwischen der EWG-Nummer in den Zulassungsunterlagen mit der auf dem verbauten Teil angebrachten Nummer verglichen werden. Auf diese Weise kann dann auch eine Überprüfung der Rechtmäßigkeit der Verwendung durch die Behörde erfolgen.

Soweit vereinfacht die EWG-Zulassung die Verwendung von Teilen aus dem europäischen Ausland, die früher so ohne weiteres nicht möglich gewesen wäre.

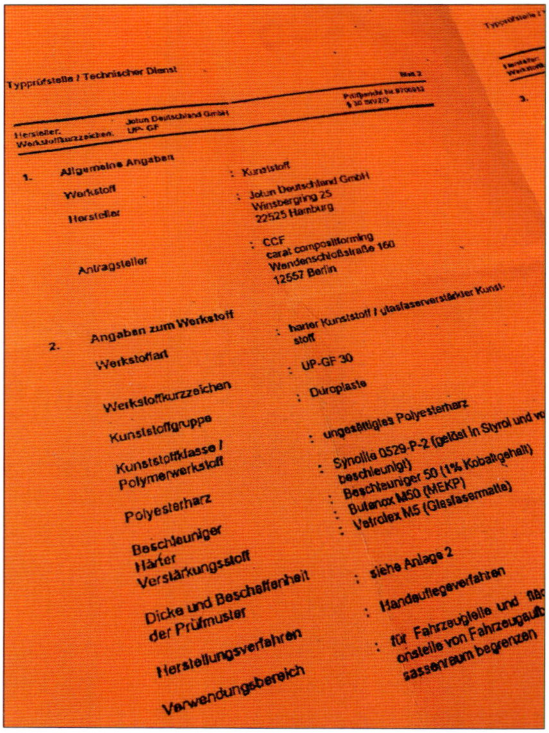

Hilft: Materialprüfbericht eines Anbauteils aus GFK.

Materialgutachten

Jeder, der in der bekannten „Bucht" schon mal mit einem GFK-Spoiler geliebäugelt hat, kennt diesen Begriff, weiß aber auch zugleich, dass es nicht immer einfach ist, diese Tuning-Parts eintragen zu lassen.

Ein „einfaches" **Materialgutachten** bescheinigt nämlich lediglich die Art des verwendeten Materials. Eine Prüfung seiner Funktion wird seitens des Herstellers in der Regel nicht vorgenommen! Aus diesem Grund gibt es bei Materialgutachten auch keine Auflistung jener spezifischen Fahrzeug-Modelle, für die dieses Bauteil zulässig und geprüft ist. Für die Zulassung dieses Bauteils und die gewünschte Eintragung ist eine Einzelabnahme nach §19(2)/21 StVZO zwingend erforderlich. Hier prüft der Sachverständige sehr genau die Funktion und den Einfluss des Produktes auf des Fahrverhalten und die Verkehrssicherheit. Oftmals sind hierfür umfangreiche und somit auch sehr teure Prüfungen notwendig. Gleichzeitig sind die Teile auch nach der Prüfung oftmals nicht eintragbar, da sie in Form und Funktion generell nicht den Vorschriften entsprechen und der Hersteller deshalb kein gültiges Prüfzeugnis hat erstellen lassen.

Es ist also sehr ratsam, bereits vor dem Kauf mit einem Sachverständigen zu klären, ob das Wunschteil überhaupt eine Chance hat, eingetragen zu werden. Denn allen blumigen Werbeversprechen zum Trotz, reicht ein Materialgutachten allein selten aus.

Rules of the Game – Tuner und Polizei

Die polizeiliche Verkehrsüberwachung unterliegt gewissen Regeln. Es sollte nicht der Eindruck eines „WIR gegen DIE" entstehen – vielmehr ist es ein Spiel, das wir miteinander spielen. Grundsätzlich gilt „fair play"!

Generell unterscheiden wir zwischen **„Allgemeine Verkehrskontrolle"** und **„Identitätsfeststellung"**.

Allgemeine Verkehrskontrolle gemäß § 36 (5) StVO

Bei der „allgemeinen Verkehrskontrolle" ist der Name Programm. Sie ist „allgemein", das bedeutet ohne konkreten Hintergrund – es sollte nicht bereits ein Anfangsverdacht oder gar ein Verstoß vorliegen. Auch wenn gezielt Tuning-Fahrzeuge, Motorräder oder Lkw angehalten werden, ist es dennoch allgemein im Sinne des Gesetzes.

Was macht die Polizei (1)

Was macht die Polizei ?

Verkehrsteilnehmer anhalten

Was musst Du machen?

anhalten

Was macht die Polizei ?

Zeichen & Weisungen

Was musst Du machen?

befolgen, z. B.

- *zur Seite fahren/parken*
- *Motor abstellen*
- *Hände im sichtbaren Bereich*
- *ggf. aussteigen*

Was macht die Polizei ?

Verkehrskontrolle

Was musst Du machen?

- *Führerschein aushändigen gemäß § 4 (2) FeV*
- *Zulassungsbescheinigung Teil I aushändigen gemäß § 11 (6) FZV*
- *ggf. ABE & Co gemäß § 19 (4) StVZO*

Was musst Du NICHT machen?

- *Ausweisdokument muss (noch) nicht ausgehändigt werden*
- *Mitfahrer müssen sich nicht ausweisen*

Was macht die Polizei ?

Verkehrstüchtigkeit prüfen

Was musst Du machen?

- *Technischen Zustand des Fahrzeugs überprüfen lassen, ggf. mitwirken bei Beleuchtungskontrolle*
- *Mitzuführende Gegenstände vorzeigen*
- *EH-Material gemäß § 35h StVZO*
- *Warndreieck u. Warnweste gemäß § 53a StVZO*

Was musst Du NICHT machen?

- *Alkohol- oder Drogentest (sind immer freiwillig)*
- *„Kofferraum aufmachen" o. ä. (Durchsuchungen brauchen eine Anfangsverdacht)*

Sollten sich im Rahmen einer Allgemeinen Verkehrskontrolle Verstöße ergeben oder bereits zuvor ein Anfangsverdacht für eine Straftat, z. B. Trunkenheitsfahrt aufgrund auffälliger Fahrweise oder Ordnungswidrigkeiten wie das Erlöschen der Betriebserlaubnis (lauter Auspuff oder extreme Tieferlegung) vorliegen, würde eine **„Personen- und Fahrzeugkontrolle"** zur **Identitätsfeststellung** erfolgen.

Identitätsfeststellung
gemäß § 163b stopp; ggf. in Verbindung mit §§ 46, 53 OwiG
„Personen- und Fahrzeugkontrolle bei Vorliegen eines Anfangsverdachtes bzw. nach Verstößen"

Was macht die Polizei (2)

Was macht die Polizei ?
Person anhalten

Was musst Du machen?

- *Anhalten*
- *Anweisungen befolgen, z. B. Motor abstellen, Hände im sichtbaren Bereich halten*

Was macht die Polizei ?
Personalien feststellen

Was musst Du machen?

- *Namen, Vornamen, Geburtsdatum und Ort sowie Anschrift nennen, ggf. auch Familienstand und Beruf*
- *i.d.R. Ausweisdokument aushändigen*
- *Mitfahrer können ggf. Zeugen sein und müssen dann auch ihre Personalien angeben*

Was musst Du NICHT machen?
Ausweisdokumente müssen von deutschen Staatsangehörigen grundsätzlich nicht immer mitgeführt werden, aber ggf. werden sie benötigt.

Was macht die Polizei ?
Fragen stellen

Was musst Du machen?

- *Immer nett und höflich bleiben; für das Kontrollklima ist Smalltalk positiv.*
- *Sollte ein konkreter Verdacht oder Vorwurf gegeben sein, muss man als Betroffener oder Beschuldigter zu Beginn einer Befragung belehrt werden.*

Was musst Du NICHT machen?

- *Fragen beantworten, wie z. B. „Sie wissen, warum wir Sie anhalten?!"*

Was macht die Polizei ?
Überprüfung des Fahrers

Was musst Du machen?

- *Führerschein aushändigen gemäß § 4 (2) FeV*
- *ggf. aussteigen*

Was musst Du NICHT machen?

- *Alkohol- oder Drogentest (sind immer freiwillig)*

Freiwillige Test können evtl. hilfreich sein, um eine Beeinflussung auszuschließen und wer ein reines Gewissen hat, sollte grundsätzlich kein Problem damit haben. Aber wer verdächtig ist, muss eben nicht aktiv an seiner Verfolgung mitwirken. Wenn der Verdacht bestehen bleibt, folgt ggf. eine Blutentnahme.

Was macht die Polizei ?

Blutentnahme gemäß § 81a StPO, ggf. i.V.m. §§ 46, 53 OwiG

Was musst Du machen?

- *Bei Verdacht einer Alkohol- oder Drogenbeeinflussung ist die Entnahme einer Blutprobe zulässig.*
- *Eine richterliche Anordnung ist nicht (mehr) notwendig.*
- *Die Blutprobe muss durch einen Arzt entnommen werden*

Was macht die Polizei ?

Technische Überprüfungen

Was musst Du machen?

- *an eine geeignete Örtlichkeit fahren*
- *Lenkung eindrehen*
- *Motorhaube öffnen*
- *Dokumente aushändigen, z. B. Zulassungsbescheinigung Teil I, Teilegutachten, Abnahmen, etc.*
- *Erdulden, dass ein Polizist euer Fahrzeug inspiziert und ggf. auch anfasst*

Was musst Du NICHT machen?

Die Mitwirkung ist im Falle einer Verdachtskontrolle grundsätzlich freiwillig – aber sicher nicht von Nachteil.

Was macht die Polizei ?

Mängelbericht

Was musst Du machen?

Bei kleineren Mängeln oder Verstößen, die fotografisch dokumentiert werden können, kann ein so genannter „Mängelbericht" oder „Mängelkarte" zum Einsatz kommen.

- *Mangel unverzüglich beheben*
- *innerhalb 14 Tagen bestätigten lassen*
- *an die Polizei bzw. Zulassungsstelle zurücksenden*

Was macht die Polizei ?

Sicherstellung bzw. Beschlagnahme gemäß § 94 stopp, ggf. i.V.m. §§ 46, 53 OwiG

Was musst Du machen?

Sollte der technische Zustand des Fahrzeuges angezweifelt werden, ist die Sicherstellung bzw. Beschlagnahme ein probates Mittel zur Beweisführung.

- *Sicherstellung, bei freiwilliger Herausgabe*
- *Beschlagnahme, bei Widerspruch*

Side Fact: „Stilllegung"

Im Zusammenhang mit der Stilllegung gibt es immer wieder Mythen und Legenden. Generell legt die Polizei nicht still. Sie kann allerdings die Weiterfahrt untersagen oder beschränken und ggf. bei Verkehrsunsicherheit eines Fahrzeuges eine Betriebsuntersagung im Sinne des § 5 FZV veranlassen. Diese verfügt aber per Gesetz die Zulassungsstelle. Die Polizei wird dann in Amtshilfe für diese Behörde zuständig und kann so dann das Kennzeichen „entstempeln". Dies passiert in der Regel in Absprache zum Einzelfall. Örtlich kann es jedoch auch entsprechende Vorabsprachen geben.

Die Beschlagnahme von Kennzeichen ist in aller Regel eine Maßnahme der Gefahrenabwehr oder Störungsbeseitigung nach den Polizeigesetzen der Länder, um zu verhindern, dass ein Fahrzeug im nicht ordnungsgemäßen oder verkehrsunsicheren Zustand weiter bewegt wird.

Spielregeln

Für alle Kontrollarten und auf beiden Seiten gilt: **Mensch bleiben!** Versaut euch nicht zu Beginn schon die Chance auf ein gutes Miteinander. Selbst wenn man euch in einem schroffen Ton entgegentritt – die Kontrolle wird sicher nicht besser, wenn ihr entsprechend reagiert. Ja, es gibt Dienstanweisungen, die Polizisten zur Höflichkeit auffordern, aber vielleicht wirkt der letzte Einsatz noch nach. Die Verkehrsüberwachung ist dabei selbstverständlich eine wichtige Aufgabe und gehört zur Polizeiarbeit dazu.

Natürlich wird man mit einem auffälligen Auto eher kontrolliert, als mit einem Alltagsfahrzeug. Der Handelsvertreter in seinem Leasingfahrzeug oder die Hausfrau in ihrem Kleinwagen nimmt in aller Regel keine technischen Veränderungen vor.

Nehmt es als Kompliment: Eure Arbeit trägt Früchte! Ob diese am Ende bitter schmecken, hängt zu weiten Teilen von euch selbst ab.

Jeder Tuner hat den Anspruch, wenn er schon kontrolliert wird, qualifiziert und fair behandelt zu werden. Die meisten Kontrollierenden, die sich mit der Materie beschäftigen, haben sich – so wie ihr – eigeninitiativ Fachkenntnisse angeeignet. Die polizeiliche Ausbildung bildet nur ein Grundgerüst und natürlich kann nicht jeder alles wissen, insbesondere bei dieser teils komplexen Materie. Und so passieren auch Fehler – niemand ist perfekt! Umso wichtiger ist: Egal, was passiert – Ruhe bewahren. Schließlich ist „Glauben" nicht Aufgabe der Polizei und es gibt leider immer wieder berechtigte Gründe, den Zustand von Fahrzeugen anzuzweifeln.

Leider haben sich Vorhalte wie „Sie wissen warum wir sie anhalten?!" in den polizeilichen Alltag eingeschlichen. Das ist oft noch nicht einmal böse Absicht, aber grundsätzlich eine Fangfrage. Wenn ihr wegen eines Verstoßes angehalten werdet und befragt werden sollt, dann ist es verbindlich geregelt, dass man euch zunächst belehrt. Das bedeutet, man sagt euch was Sache ist und was ihr tun müsst oder eben nicht. Grundsätzlich müsst ihr als Betroffener (Ordnungswidrigkeit) oder gar Beschuldigter (Straftat) nichts sagen und tun. ihr seid dann zu nichts mehr verpflichtet. Aber es ist euer Recht, euch zu äußern. Das kann oft hilfreich sein, z. B. wenn der Zweck eurer Fahrt in Frage gestellt wird, ihr aber gute Gründe habt.

Und wenn ihr wollt, dass niemand euer Fahrzeug anfasst, dann ist eben Eure Mithilfe erforderlich. Und wenn eine Kontrolle so schneller ablaufen kann, ist Eure Mitwirkung sicher von Vorteil.

Wenn der Zustand eures Fahrzeuges **#angzwflt** wird, wird man der Sache auf den Grund gehen wollen. Manchmal ist es schon damit getan, zu einer anderen Örtlichkeit, beispielsweise einer Prüforganisation zu fahren. Manchmal läuft es aber auch auf eine Sicherstellung oder Beschlagnahme heraus. Wenn das Fahrzeug dann nicht mehr von euch selbst gefahren werden kann/darf, wird es wohl oder übel abgeschleppt. Diese Kosten und auch die Kosten einer etwaigen Begutachtung werden zunächst von der Behörde bezahlt und können euch ggf. später im Laufe des Verfahrens auferlegt werden.

Euer Widerspruch in dieser Situation hat leider keine aufschiebende Wirkung. Dennoch steht es euch zu, diesen zum Ausdruck zu bringen. „Widerstand ist zwecklos" und eine ganz dumme Idee. Gerade wenn ihr euch ganz sicher seid, nichts falsch gemacht zu haben heißt es jetzt: ganz tief durchatmen.

Wenn euch Unrecht widerfahren sollte, gibt es später viele Möglichkeiten zu eurem Recht zu kommen. Nicht zuletzt gibt es auch den Weg der Dienst- bzw. Fachaufsichtsbeschwerde. Und auch Schadenersatzansprüche können erhoben werden.

Aber immer dran denken: der Polizist oder die Polizistin macht das nicht, um euch zu ärgern. Das ist nichts Persönliches – lasst es nicht dazu werden!

ANGZWFLT.

KW

DAS FAHRWERK

Das Fahrwerk \\\ Teil 1

ALLES RUND UM DÄMPFER, SPORT- & GEWINDEFAHRWERKE

An dieser Stelle kommen wir auch gleich zu einem der spannendsten Themen in diesem Ratgeber – und gleichzeitig zu einem der meistdiskutierten Themen in der Tuning-Szene: das Fahrwerk. Schauen wir uns aber zunächst die Technik genauer an, bevor wir uns dann den rechtlichen und gesetzlichen Bestimmungen, Grundlagen und Auflagen zum Thema der Fahrwerkoptimierung widmen.

In den späten 1880er Jahren, als erste „Fahrzeuge" begannen, die noch staubigen und holprigen Straßen dieser Welt zu erobern, dachte man vermutlich über den Fahrkomfort dieser „rolling Chassis" nicht in der Intensität nach, wie man es heute bei der modernen Fahrzeugentwicklung oder Veredelung beobachten kann. Erst kurz nach dem Zweiten Weltkrieg begann die McPherson-Federbein-Radaufhängung ihren Siegeszug im Automobilbau. Und auch wenn freilich noch bis in die 1980er Jahre Kultautos wie Opel Manta, Ascona B und Kadett C mit starrer Hinterachse oder Ford Escort II und Capri mit Starrachse und Blattfedern ausgestattet waren, ging der Trend im Fahrzeugbau immer mehr hin zur Einzelradaufhängung rundum für einen hohen Insassenkomfort bei gleichzeitig gestiegener Fahrsicherheit.

Ein Fahrwerk übernimmt die grundlegende Funktionen, die beim heutigen optischen Tuning allerdings gerne mal außer Acht gelassen oder gar durch Unwissenheit ignoriert werden. Egal ob es sich um ein Serien-, Sport- oder Gewindefahrwerk handelt: Es ist in jeder Situation und Konfiguration eines der wichtigsten Bindeglieder zwischen Fahrzeugkarosse und Straße.

Technisch gesehen besteht ein Fahrwerk aus folgenden Bauteilen, die optimal aufeinander abgestimmt sein sollten:

Fahrwerksfedern, Stoßdämpfer, Gelenke, Gummilager, Koppelstangen, Stabilisatoren, Quer- und Längslenker. Wenn man es ganz genau nimmt, müsste man sogar noch Räder und Reifen, die Bremse und die Lenkung mit einbeziehen.

Federn und Dämpfer haben in erster Linie die Funktion, Schwingungen des Rades beispielsweise durch Überfahren von Unebenheiten, kontrolliert abzufangen und diese möglichst weich abzuleiten. Neben den Attributen des Fahrkomforts, dient dies aber auch der Sicherheit, denn so werden ein ungewolltes Aufschaukeln und störende Wankbewegungen des Fahrzeugs im Grenzbereich oder in einer Ausnahmesituation verhindert.

Entwicklung im Fahrzeugbau: Zwischen dem kutschenähnlichen Fahrwerk des Benz Motor-Velocipeds von 1894 und der Doppelquerlenkerachse der Mercedes M-Klasse liegen ziemlich genau 100 Jahre. Dazwischen die Hinterachse eines Opel Monza von 1979.

Dass ein neues Fahrwerk mit kürzeren Federn und strafferen Stoßdämpfern alleine keine Wunder bewirken kann, ist uns allen hoffentlich klar. Vielmehr spielt die perfekte Abstimmung der einzelnen Komponenten eine ganz entscheidende Rolle. Ein Fahrwerk kann nur dann hundertprozentig funktionieren, wenn angrenzende und damit direkt verbundene Bauteile ebenso ihren Job erledigen.

Der Dämpfer

Ende der 1980er Jahre haben die Sport- und Gewindefahrwerke den Weg vom Motorsport auf unsere Straßen gefunden und erfreuten sich Dank der „Manta-Manta"-Generation sehr schnell wachsender Beliebtheit bei den Tunern. Anfangs wurden diese Fahrwerke auf Basis hydraulischer Ein- und Zwei-Rohr-Schwingungsdämpfer, umgangssprachlich Stoßdämpfer, aufgebaut. Die damalige Technologie unterscheidet sich in vielerlei Hinsicht von den heutigen Dämpfersystemen. In diesem Zusammenhang sind vor allem die Weiterentwicklungen der Dämpferventile, Kolbenstangen, Dichtungen und Hydrauliköle in Verbindung mit bestimmten Additiven und die eingesetzten Materialien zu nennen.

Durch den zunächst einfachen Aufbau der Dämpfer in jener Zeit, konnten Leistungsverluste der Dämpfkraft durch Temperatur, Verschleiß (keine modernen Dicht- und Führungselemente) und Kavitationserscheinungen an den Ventilen auftreten. Dieser Leistungsverlust kann beim Fahren durchaus spürbar sein und das Fahrverhalten in Bezug auf den Fahrkomfort und die Fahrsicherheit verschlechtern. Diese Problematik hat sogar in unseren Tagen eine gewisse Aktualität: Bei qualitativ minderwertigen Fahrwerkkomponenten – bevorzugt aus Fernost und Osteuropa – treten diese Schwächen auf.

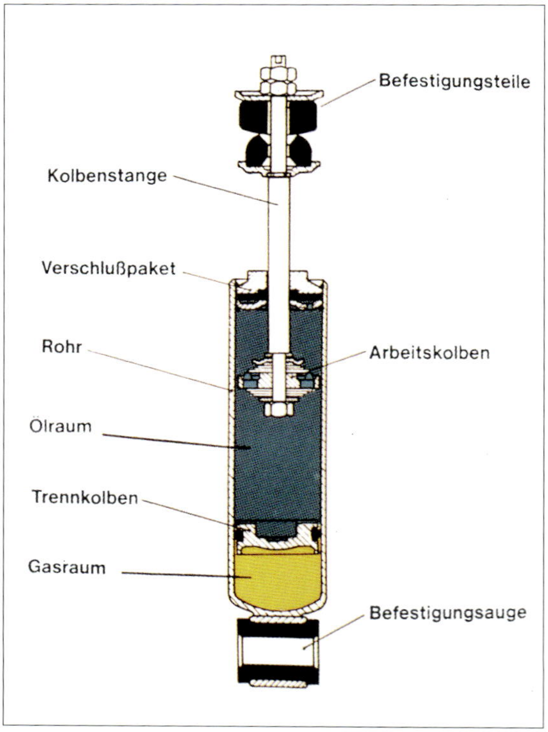

Einrohrdämpfer

Eine erste wichtige Maßnahme, um eine zuverlässigere Dämpferleistung zu erzielen, besteht in einer zusätzlichen Niedergasdruckfüllung (meist Stickstoff) von 3 bis 6 Bar. Durch den Niedergasdruck wird das Öl umgangssprachlich „vorgespannt". Der Punkt, an dem sich Gas aus dem Öl durch zum Beispiel Kavitation lösen kann, verschiebt sich. Die Dämpferleistung ist in dem vorgesehenen Arbeitsbereich mit dieser Technologie deutlich konstanter. Die seither gebräuchliche Bezeichnung „Gasdruckstoßdämpfer" kann dabei aber auch etwas irreführend sein: Letztendlich basiert Dämpfung nach wie vor auf einem hydraulischen Prinzip, bei dem ein Druckabfall über die Anordnung verschiedener Ventilsysteme generiert wird. Dem hydraulischen Zwei-Rohrdämpfer wird lediglich eine Niedergasdruckfüllung hinzugefügt.

Die Vorteile der Gasdruckstoßdämpfer spielen in Zusammenhang mit Gewindefahrwerken eine wichtige Rolle: Die Fahrhöhe der

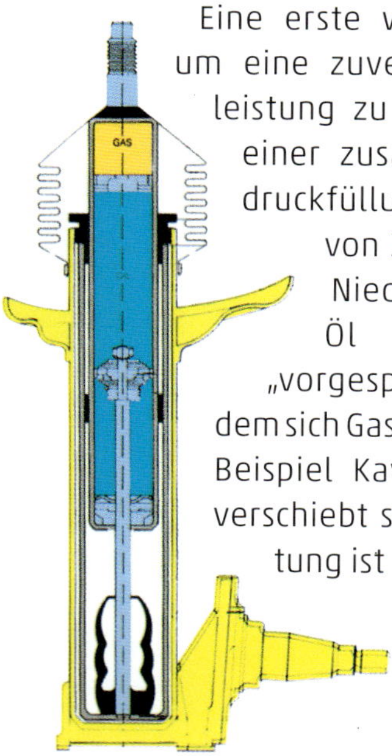

Ebenfalls ein Einrohrdämpfer: Diese Up-Down-Patronen-Ausführung ist ein Vorderachsfederbein aus einem älteren Porsche 911 (G-Modell).

Fahrzeuge mit Gewindefahrwerken ändert sich zum Teil erheblich, wodurch der verfügbare Arbeitsweg der Dämpfer deutlich reduziert ist. Auf diesem kürzeren Hub ist eine exakte Funktion daher umso wichtiger.

Ähnlich komplex wie sein Aufbau, stellen Ingenieure aber auch maximale Anforderungen an ein modernes Fahrwerk, denn es muss ebenso die Lenk- und Bremskräfte übertragen, Vertikalkräfte abfedern und die wirkenden Seitenkräfte stützen. Neben dem Wunsch, einen hohen Fahrkomfort zu erzielen, sollte ein Fahrwerk genauso, zu jedem Zeitpunkt die maximale Fahrsicherheit gewährleisten. Dabei wird ein möglichst neutrales Fahrverhalten – also ohne ausgeprägte Tendenz zum Über- oder Untersteuern – angestrebt.

Durch das perfekte Zusammenspiel aller fahrwerksrelevanten Bauteile wie Federn, Dämpfer, allen Lagern und Co., soll ein sicheres, dynamisches Fahrverhalten gewährleistet werden. Dank der Optimierung eines Fahrwerks kann das Fahrverhalten an die eigenen Bedürfnisse angepasst werden.

Ein voll funktionsfähiger Dämpfer hat die Aufgabe, die Schwingungen der Feder abzufangen – zu dämpfen. Aus diesem Grunde heißt ein Stoßdämpfer eigentlich Schwingungsdämpfer. Einige Auswirkungen eines defekten Schwingungsdämpfers:

- erhöhter Verschleiß der Radaufhängung (Lager, Gummis etc.)
- erhöhte Schleudergefahr
- mangelnde Bodenhaftung, schwammiges Fahrverhalten
- verlängerter Bremsweg
- ungleichmäßiger Reifenverschleiß
- Poltergeräusche

ANGZWELT.

PRAXISTIPP

Ratschlag vom Fachmann:
Ein defekter Stoßdämpfer muss immer paarweise und pro Achse erneuert werden, da ein neuer Dämpfer immer bessere Eigenschaften im Vergleich zu einem verschlissenen aufweist. Um ein instabiles Fahrverhalten auszuschließen, sollte immer darauf geachtet werden, dass es niemals zu unterschiedlichen Dämpferleistungen auf einer Achse kommt.

Zusammenspiel der Komponenten:

Eine Fahrwerksfeder ist nichts ohne ihren Dämpfer – und umgekehrt. Wenn die Feder erste Unebenheiten abgefangen hat und diese an den Schwingungsdämpfer weiter gibt, wird die Feder durch das Fahrzeuggewicht in diesem Moment zusammengepresst. Der Dämpfer arbeitet jetzt in der so genannten **Druckstufe** und dämpft die Schwingung der Feder. Nachdem die Feder die Unebenheit ausgeglichen hat, muss der Schwingungsdämpfer die sich mit großer Energie entspannende Feder in ihrer Bewegung schnell wieder abbremsen. Der Stoßdämpfer arbeitet nun in der so genannten **Zugstufe**.

Da es den einen oder anderen von euch sicherlich brennend interessiert, wofür man die Druck- oder auch die Zugstufe eines hochwertigen Fahrwerks verändern kann und welche Auswirkungen dies auf das Fahrverhalten hat, möchte ich an dieser Stelle nochmal etwas mehr ins Detail gehen.

Druck- und Zugstufe sind Parameter, die maßgeblich das Verhalten des Dämpfers in verschiedenen Situationen bestimmen. Veränderungen dieser Variablen sind wichtig, um bei Unebenheiten wie beispielsweise Schlaglöchern möglichst wenig Erschütterung an das Fahrzeug und die Insassen zu übertragen und weiterhin ein stabiles und sicheres Fahrverhalten zu gewährleisten. Darüber hinaus haben die Einstellungen aber auch Auswirkungen auf das Fahrverhalten in Kurven sowie beim Beschleunigen oder Abbremsen. Bei einem Seriendämpfer (ausgenommen sind an dieser Stelle ausdrücklich die adaptiven Fahrwerke moderner Fahrzeugtypen) sind diese Einstellungen bereits konfiguriert und können basierend auf dem Aufbau des Dämpfers nicht weiter verändert werden. Eine Anpassung ist in den meisten Fällen nur dann möglich, wenn das Serienfahrwerk gegen ein hochwertiges Gewindefahrwerk mit diesen Einstelloptionen ersetzt wird. Druck- und Zugstufe werden dabei immer so eingestellt, dass eine Unebenheit möglichst ohne Bewegung des Fahrzeugaufbaus überfahren werden kann. So entstehen keine Achslastschwankungen und der Kurvengrip bleibt gleichmäßig.

Je mehr an einem Fahrzeug hinsichtlich der Motorleistung und der Rad-Reifen-Kombinationen modifiziert wurde, je eher empfiehlt sich ein Fahrwerk mit einstellbarer Dämpfertechnik. Nur damit kann das – stets subjektiv zu betrachtende – Fahrverhalten auf die persönlichen Fahrer-Bedürfnisse abgestimmt werden.

Grundsätzlich sind Fahrwerke mit einstellbarer Druck- und Zugstufe zwar eher im Motorsportbereich angesiedelt und werden vom klassischen „Daily Driver" eher selten gekauft. Sportlich orientierte Fahrer wählen jedoch auch bei ihren Straßenfahrzeugen gerne ein Fahrwerk mit entsprechenden Einstellmöglichkeiten wie beispielsweise ein KW Variante 2 oder höher.

ANGZWFLT.

PRAXISTIPP

Grundsätzlich gilt bei einer Fahrwerkeinstellung: so hart wie nötig, so weich wie möglich! Ziel ist es, Fahrbahnunebenheiten möglichst so abzufedern, dass keine Unruhe in das Fahrzeugchassis kommt. Die Möglichkeit der Druck- und Zugstufeneinstellung dient also primär nicht dazu, den Fahrkomfort zu verändern, sondern das Fahrverhalten zu optimieren.

Funktion der Zugstufe: Die Zugstufe dämpft die Ausfederbewegung des Fahrwerks. Je härter die Zugstufe gewählt wird, umso mehr Ausfederenergie wird vom Dämpfer absorbiert und die Ausfedergeschwindigkeit wird verlangsamt. Das heißt im Klartext: Wird die Zugstufe zu hart gewählt, federt die Feder zu langsam aus und steht nicht rechtzeitig für die Abfederung einer neuen Unebenheit zur Verfügung. Wird die Zugstufe zu weich gewählt, wird die Federenergie ungenügend abgedämpft und es kann dadurch ebenfalls zu Gripverlust kommen, da die entsprechende Achse dann regelrecht von der Straße hüpft.

Funktion der Druckstufe: Sollte die Druckstufe des Fahrwerks separat einstellbar sein, regelt diese Justierung die Einfedergeschwindigkeit der Feder. Lenkbewegungen bei schnelleren Kurvenfahrten werden so anders vom Fahrwerk angenommen und übertragen. Wenn man die Ventile verschließt, taucht die Feder langsamer ein, was zur Folge hat, dass sich das Fahrzeug in Kurven besser

Nichts für Ahnungslose: Wer an den teils hochkomplexen Sportfahrwerken wie an diesem KW Competition an den Einstellschrauben dreht, sollte wissen, was er tut.

abstützen, im Gegenzug aber Unebenheiten schlechter abfedern kann. Wenn die Druckstufe jedoch falsch eingestellt ist, kommen die Reifen deutlich schneller an ihre Belastungsgrenze und der Effekt der Stabilität kehrt sich schlagartig ins Negative um. **MERKE: Hart bedeutet also nicht automatisch SCHNELL.**

PRAXISTIPP

***WICHTIG:** Niemals ahnungslos an diesen Einstellschrauben drehen, da sie das Fahrverhalten des Fahrzeugs enorm (auch negativ!) beeinflussen können. Besser beim Fachmann die perfekten Einstellungen für den geplanten Einsatz erfragen.*

Die Fahrwerkfeder

Wichtige Bestandteile eines Fahrwerks sind die Federn: Sie tragen in erster Linie den Fahrzeugaufbau, kompensieren die Zuladung und sollen die Unebenheiten der Fahrbahn abfangen. Federn verbinden die gefederten Massen wie Karosserie und Antriebsteile mit den ungefederten Massen wie beispielsweise die Räder, Bremsen und die Lenkung.

Die Fahrwerkfedern sollen außerdem sicherstellen, dass eine so genannte „Schwingungsisolation" stattfindet. Zusammen mit dem Schwingungsdämpfer, sorgt die Feder für den perfekten Kompromiss zwischen Komfort und Sicherheit des Fahrzeugs: Schutz vor Stößen und Erschütterungen, ohne dabei den Bodenkontakt zu verlieren.

Eine moderne Fahrwerkfeder wird aus speziallegiertem und vergütetem, hochfestem Federstahl gefertigt, um höchste Ansprüche zu erfüllen und vor allem jeglicher Belastung Stand zu halten.

Feder-Facts:
Eine wichtige Kennung bei Federn ist die Federrate: Mit ihr beschreibt man die Steifigkeit einer Feder. In diesem Zusammenhang stolpern wir häufig über Begriffe wie „lineare" oder „progressive" Federrate. Für unsere Zwecke reicht es aus zu wissen: Bei einer linearen Feder steigt die Federkraft im selben Verhältnis wie der Weg, um den sie zusammengepresst wird. Im Gegensatz dazu weist eine progressive Feder anfangs eine weiche Kennlinie auf, die mit zunehmendem Federweg härter wird. In den meisten Fällen werden heute zylindrische Fahrwerksfedern mit einer linearen Federrate verwendet.

Unter dem Federweg versteht man übrigens den Weg, den das Rad zwischen unbelasteter und belasteter Stellung zurücklegt.

Natürlich könnte man an dieser Stelle noch viel tiefer in die Theorie über Federn abtauchen, aber für die Konzeption dieses Ratgebers soll dies erst einmal ausreichen. Bei weiteren Fragen rund um die technischen Aspekte dürft ihr uns jederzeit eine Email schicken an info@angezweifelt.com.

Ohne die richtig abgestimmte Feder, kann auch der beste Sportdämpfer nicht viel ausrichten.

ANGZWFLT.
PRAXISTIPP

***ACHTUNG – ILLEGAL & UNZULÄSSIG:** Federn selber zu kürzen, indem man Windungen absägt/abflext, ist verboten! Der Einbau von Federn aus Modellen anderer Fahrzeugmarken ist zwar theoretisch erlaubt, erfordert aber einen sehr hohen Prüfaufwand.*

Welche Fahrwerkoption für welchen Zweck?
Nachdem wir uns nun ausführlich den technischen Details des Fahrwerks gewidmet haben, möchte ich euch gerne die verschiedenen Möglichkeiten und Komponenten vorstellen, mit denen ihr euer Fahrzeug unter Berücksichtigung von Budget und Anspruch individualisieren könnt. Ich durfte mich mit **Johannes Wacker** (Head of Active Sales & Marketing der KW automotive GmbH) in den heiligen Hallen von KW in Fichtenberg umse-

Was hat´s gebracht: Nach erfolgtem Einbau wird an diesem BMW 325i (E30) die Tieferlegung nachgemessen.

hen. Bei dieser Gelegenheit habe ich mir die Vielzahl der Fahrwerkoptionen mal genauer angeschaut und erklären lassen.

Im Tuning-Bereich werden Dämpfer und Federn in optimierter Ausführung und für fast jeden Zweck angeboten. Beginnen wollen wir an dieser Stelle mit Tieferlegungsfedern.

Eine reine **Tieferlegungsfeder** wird oft dann gewählt, wenn das Auto mit den vorhandenen Seriendämpfern einfach etwas knackiger in der Einfahrt stehen soll. Sicherlich erzielt man durch den Umbau auf sportliche Federn, die herstellerseitig in der Regel aus etwas dickerem Federdraht produziert werden, ein spürbar verändertes Fahrverhalten. Jedoch muss man hier auch genau drauf achten, den Seriendämpfer durch die vergleichsweise kürzere Feder nicht zu überbeanspruchen. Schließlich bleibt der Dämpferweg des Seriendämpfers derselbe, jedoch ist die Federrate der Feder nicht mehr optimal auf den Dämpfer abgestimmt – was zur Folge haben kann, dass es bei **„zu tiefen"** Federn zu einer so genannten **„On Block"**-Situation kommt. Dieser Zustand wird erreicht, wenn der Dämpfer bis zu seinem Endanschlag beansprucht wird und dadurch unter Umständen keinerlei Dämpfwirkung mehr erzeugen und gewährleisten kann. Zumeist harmoniert die Kombination aus sportlich abgestimmtem Seriendämpfer und Tieferlegungsfedern noch am besten. Bei „normalen" Fahrzeugen beträgt die Tieferlegung durch einen Federsatz ca. 35 mm. Solltet ihr jedoch einen von Haus aus sportlichen Wagen wie bspw. einen BMW M, einen Audi S/RS oder einen VW GTI in der Garage haben, kann die Tieferlegung durch Federn auch nur 20 bis 25 mm betragen.

Ein **Sportfahrwerk** ist eine, wie der Name schon sagt, sportliche Alternative zum Serienfahrwerk. In der Regel verfügt es über eine vom Hersteller fest definierte Tieferlegung mit perfekt aufeinander abgestimmten Komponenten wie dem Stoßdämpfer und der Feder.

Ein Sportfahrwerk stellt eine günstigere Alternative zu einem Gewindefahrwerk dar und bedient all diejenigen, die gerne sportlich, etwas tiefer und perfekt abgestimmt fahren möchten. Sportfahrwerke sind normalerweise in verschiedenen „Tiefen" erhältlich und bieten bereits beim Kauf viele Alternativen zur Individualisierung des Fahrzeugs.

Ein **Gewindefahrwerk** in seiner einfachsten Ausführung vereint alle Attribute eines Sportfahrwerks, lässt sich aber im Vergleich zu diesem noch in der Höhe durch ein Verstellgewinde justieren. Selbstverständlich kann ein Gewindefahrwerk nicht vom ersten bis zum letzten Gewindegang voll ausgereizt werden. Jedoch bietet es in der Regel immer einen sehr „tuningfreundlichen" Einstellbereich, der laut Gutachten für das jeweilige Fahrzeug zulässig ist, sofern alle weiteren Auflagen (siehe Gutachten und Montagehinweise) erfüllt werden.

Neben dem einfachen „Hoch-und-runter"-Drehen eines Gewindefahrwerks verfügen erweiterte Ausbaustufen solcher Fahrwerke auch über die Möglichkeit, die bereits im Abschnitt der Dämpfertechnik erwähnten Druck- und Zugstufenparameter seperat einzustellen. Diese Feinjustierungen sollten aber keinesfalls mal kurz am Samstagmittag, einfach „just for fun" in der Garage oder der Einfahrt erfolgen: Das inkompetente Verändern dieser sensiblen Setup-Einstellungen kann das Fahrverhalten maßgeblich beeinflussen und im schlimmsten Fall ein sicher fahrbares Fahrzeug in eine unbeherrschbare und lebensgefährliche Schrottkiste verwandeln.

Regel Nr. 1 beim Einstellen der Druck- und/ oder Zugstufe: So hart wie nötig, so weich wie möglich! Denn ein Fahrzeug kann nur dann sicher bewegt werden, wenn alle vier Räder ständigen Bodenkontakt haben. Ist das Fahrwerk zu weich, kann sich das Fahrzeug aufschaukeln; ist es zu hart, kann es bei Unebenheiten leicht „abheben" und ebenso den Kontakt zur Straße verlieren.

Testlabor Nordschleife: Dank des richtigen Set-up gewann Manthey-Porsche mit seinem Porsche 911 (991) GT3 R gleich den ersten VLN-Lauf 2017. Einer von vielen Siegen des „Grello" ...

Wofür wurde denn ein Gewindefahrwerk ursprünglich entwickelt?

Durch eine korrekte Einstellung des Fahrwerkes auf der Radlastwaage soll eine gleichmäßige Verteilung der Radlast gewährleistet werden, so dass die Seitenführungs- und Beschleunigungskräfte jederzeit optimal auf die Straße gebracht werden können.

ANGZWFLT.
PRAXISTIPP

***Achtung!** In den meisten Fällen sind Gewindefahrwerke nicht mit Nachrüstfelgen geprüft! Daher ist für diese Kombination in der Regel eine Einzelabnahme nach §19(2)/21 StVZO erforderlich.*

Das heilige Restgewinde

Warum sollte ein Federbein über Restgewinde verfügen, nachdem es fachgerecht verbaut und legal eingestellt wurde? Wie viele von euch war auch ich überrascht, als ich die Antwort auf diese Frage das erste Mal gehört habe:

Die Höhe des Restgewindes ist nicht Teil des im Gutachten festgelegten und geprüften Verstellbereichs.

Das Restgewinde soll gewährleisten, dass auch nach langer Gebrauchszeit ohne Einstellarbeiten eine Verstellung möglich ist. Dazu muss der Gewindering noch genug Restgewinde vorfinden, um ihn – nachdem zuerst die unteren Gewindegänge gesäubert wurden – zunächst einmal nach unten drehen zu können. Nun können die oberen Gewindegänge für ein leichteres Verstellen von Schmutz befreit werden. Das Problem ist nämlich Folgendes: Durch die Gewindegänge läuft zwangsläufig Wasser, beispielsweise bei Regen. Dieses Wasser wird durch das Trapez-Gewinde „gefiltert". Oben setzen sich gröbere Stein- und Schmutzpartikel ab, unten dann die feineren – mit der Folge, dass das Gewinde beim anschließenden Hochdrehen beschädigt werden könnte. Darum ist vorheriges Säubern unerlässlich.

Das Restgewinde ist aber auch dem Produktionsprozess in der mechanischen Fertigung geschuldet – schließlich muss das Fahrwerk für unterschiedliche Ausstattungsvarianten eines Fahrzeugmodells bzw. dessen Bodengruppen geeignet sein.

Ein maximales Ausreizen des Restgewindes ist in der Regel vom Hersteller nicht vorgesehen, da Gewindefahrwerke immer einen geprüften Einstellbereich im Gutachten aufgeführt haben. Nur so können Auflagen wie beispielsweise jene für die lichttechnischen Einrichtungen am Fahrzeug erfüllt werden. Soll der Platz unter diesem „geprüften" Bereich genutzt werden, muss man erneut nachweisen, dass unter anderem der Dämpferweg, die Kennlinien der Federn und deren Vorspannung, sowie alle nötigen Fahreigenschaften des Fahrzeugs noch passen und durch die „extreme" Tieferlegung nicht negativ beeinträchtigt werden. Notfalls kann ein „neues" lichttechnisches Gutachten eingefordert werden, was nicht nur sehr aufwändig, sondern auch extrem kostenintensiv ist.

Aufbau eines Federbeins

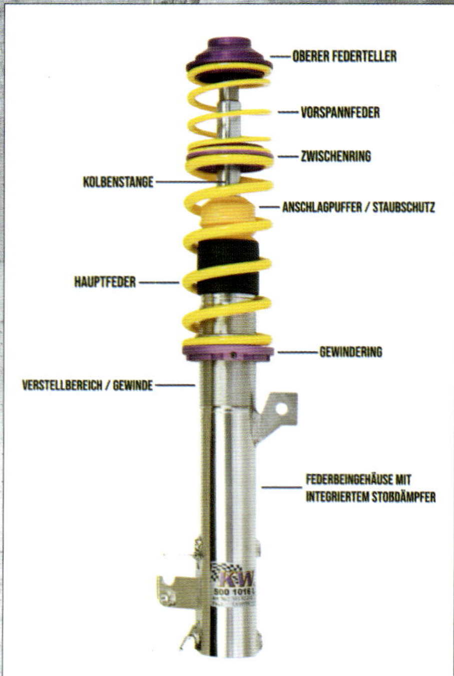

Am Federbeingehäuse, in dem der Stoßdämpfer bereits integriert ist, sind das Gewinde und die Feder auf den ersten Blick zu erkennen. Ein perfektes Zusammenspiel all dieser Komponenten, legt nicht nur ein Fahrzeug optisch tiefer, sondern sorgt auch für maximalen Fahrspaß und erhöht dank ausgeklügelter Ingenieurstechnik maßgeblich die Fahrstabilität und somit die Sicherheit.

ANGZWFLT.

Das KW-Produktportfolio

Egal, ob Straßeneinsatz oder Motorsporteinsatz – die KW-Fahrwerke sind seit Jahren ein Begriff für Premium-Produkte im Bereich Auto-Tuning und Fahrzeugveredelung. Die Spezialisten aus Baden-Württemberg bieten von Federn über Sportfahrwerke bis hin zu Gewindefahrwerken eine große Bandbreite von Produkten an. Und eigentlich war ich mir vor dem Rundgang mit Johannes Wacker von KW sehr sicher, schon viel über das Thema Fahrwerke zu wissen – aber man lernt ja immer noch dazu ...

Im Folgenden möchte ich euch gerne die gängigsten Fahrwerktypen aus dem Bereich der „statischen" Tieferlegung etwas näher vorstellen. Jeder, der sich mit Fahrwerk-Tuning für sein Fahrzeug beschäftigt, wird früher oder später diesen Teilen begegnen.

KW Gewindefeder

Der in der Höhe einstellbare Federsatz wird zur Tieferlegung des Fahrzeugs in Kombination mit den serienmäßigen Dämpfern verwendet. Im Gegensatz zu herkömmlichen Federsätzen ist eine individuelle Höhenanpassung innerhalb des geprüften Einstellbereichs möglich. Üblicherweise werden bei diesem Produkt auch die Anschlagpuffer gleich mitgeliefert. Übrigens bleibt ein eventuell vorhandenes serienmäßige Dämpfersystem

(mit elektronischer oder hydraulischer Regelung) weiterhin aktiv.

KW Gewindefahrwerk Variante 1

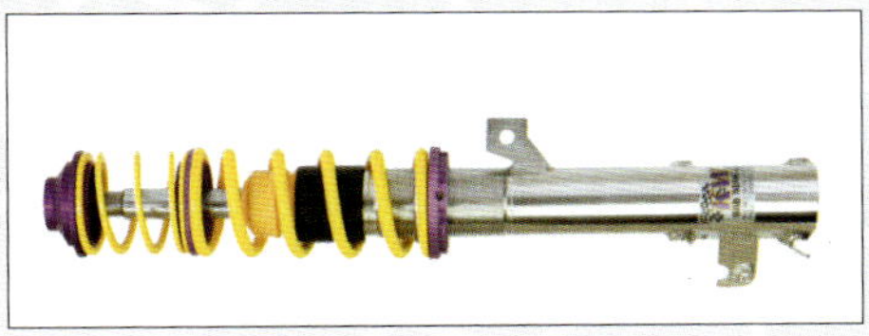

Das höheneinstellbare Einstiegsmodell mit werksseitig festgelegter Dämpfung bietet eine optimale Balance aus Sportlichkeit, Komfort und Sicherheit.

KW Gewindefahrwerk Variante 2

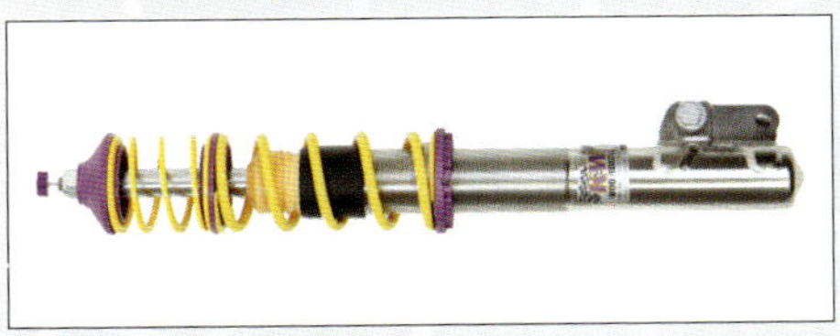

Interessant für alle fortgeschrittenen Sportfahrer: Ein Gewindefahrwerk, das über die einstellbare Zugstufe erlaubt, beispielsweise das voreingestellte Grund-Setup im Handling weiter abzustimmen.

KW Gewindefahrwerk Variante 3

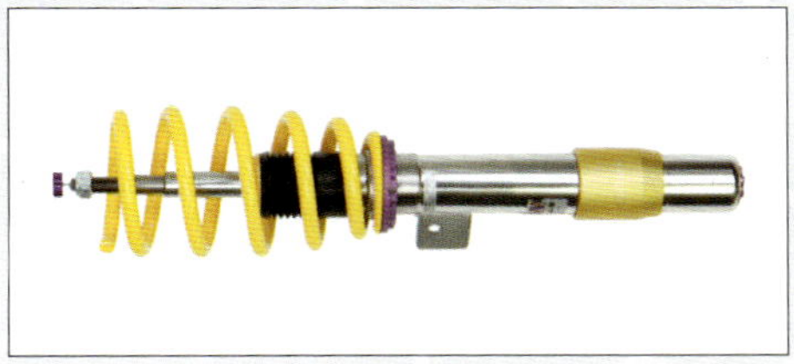

Dieses Kit eignet sich für Performance-orientierte Tuning-Enthusiasten, die großen Anspruch auf Sportlichkeit legen. Die separat in Druck- und Zugstufe einstellbaren Dämpfer erlauben eine umfangreiche Fahrwerkabstimmung vorzunehmen. So ist es ein Leichtes, das Einlenkverhalten, die Spurtreue, den Reifengrip und die Handling-Eigenschaften maßgeblich für eine sichere Kontrollierbarkeit im Grenzbereich direkt zu beeinflussen.

KW Gewindefahrwerk Variante 4

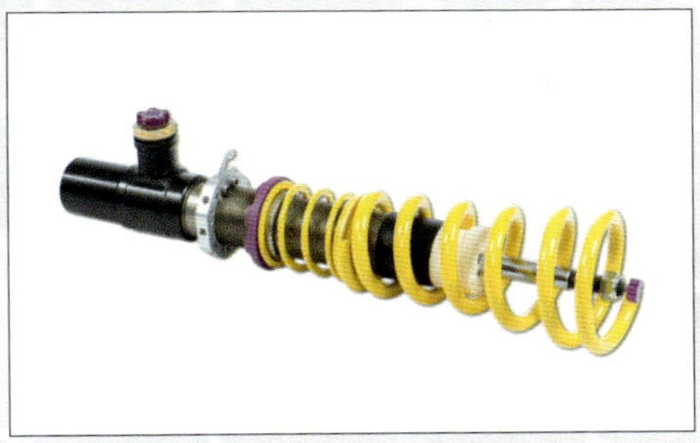

Ausschließlich für Supersportwagen, Sportwagen und Performance-Fahrzeugen wie Audi RS6 bietet KW die Variante 4 mit dreifachleistungseinstellbaren Dämpfern an. In vielen Serienfahrzeugen wie etwa AMG GT R Pro, M4 GTS und Co. kommen solche Fahrwerke ab Werk zum Einsatz.

KW Gewindefahrwerk Street Comfort

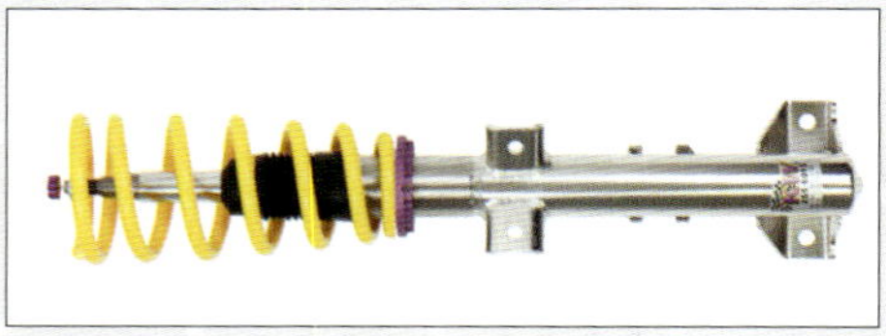

Für alle, die Wert auf sportliche Optik und Fahrdynamik legen, ohne auf Komfort verzichten zu müssen, bietet KW mit dem Gewindefahrwerk Street Comfort eine passende Lösung an. Das individuellste Sportfahrwerk bietet maximalen Komfort und einstellbare Zugstufendämpfung.

KW Gewindefahrwerk Clubsport

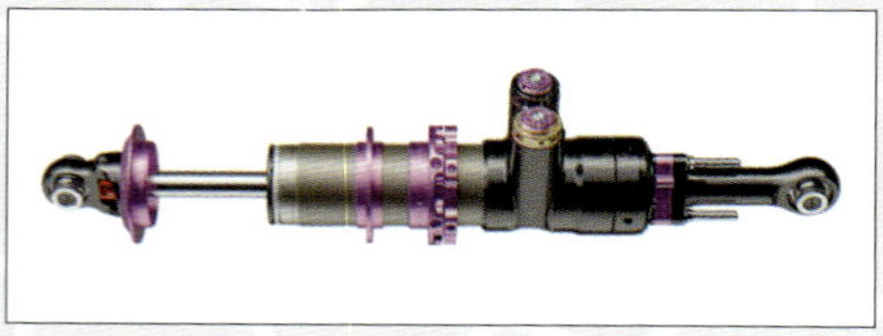

Mit dem KW Clubsport erhält jeder Wagen das ideale Performance-Upgrade, um an Trackdays den Kampf gegen die Uhr zu gewinnen und sich sicher an die Grenzen der Fahrphysik tasten zu können. Im Vergleich zu herkömmlichen Fahrwerken unterscheiden sich die KW Clubsport 3-way und 2-way Gewindefahrwerke dadurch, dass sie bereits in ihrer Grundauslegung für die Verwendung von Semislick-Reifen entwickelt wurden sowie über Rennsportfedern und Aluminium-Uniball-Stützlager verfügen. Auch das gesamte Dämpferinnenleben ist für den Rennstreckeneinsatz optimiert. Größter Vorteil gegenüber reinen Motorsportfahrwerken: Sie haben ein Teilegutachten.

KW Competition Rennsportfahrwerke

Ob 5-fach, 4-fach, 3-fach, 2-fach oder nicht einstellbare Dämpfer, mit innenliegendem Reservoir oder für McPherson-Federbein-Achse als Up-Side-Down-Dämpfer: Das breit gefächerte KW-Motorsportprogramm bietet Lösungen für zahlreiche GT2-, GT3-, GT4-, TCR- und Cup-Fahrzeuge.

KW HLS (Hydraulic Lift System)

Die perfekte Lösung, um beispielsweise einen Supersport- oder sehr tiefen Wagen problemlos über Speedbumper oder Fahrbahnhindernisse zu manövrieren. Auf Knopfdruck heben hydraulische Hubzylinder den Fahrzeugaufbau um bis zu 45 mm an, um Hindernisse zu überwinden. Vorteil: Die Federrate wird davon nicht negativ beeinflusst.

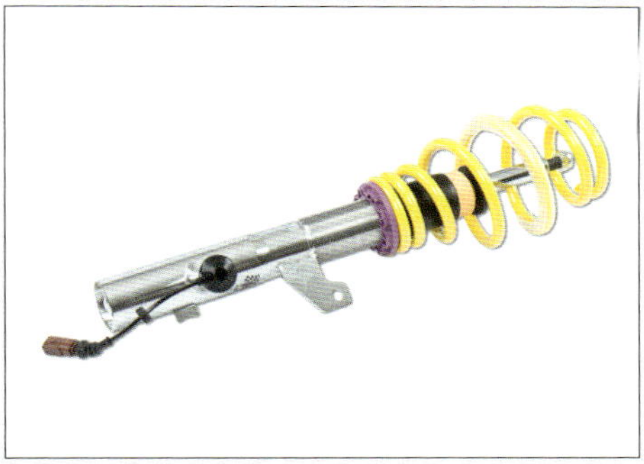

Seit zehn Jahren führt KW automotive auch elektronisch bzw. in der Dämpfercharakteristik adaptiv einstellbare Gewindefahrwerke. Diese so genannten KW DDC Gewindefahrwerke sind mit zahlreichen OEM-Regelsystemen kompatibel. So stellen sich diese DDC Fahrwerke automatisch oder auf Knopfdruck auf die Fahrsituation ein. Aktuell arbeitet der Fahrwerkhersteller gemeinsam mit dem Deutschen Luft und Raumfahrtzentrum an einer Künstlichen-Intelligenz-Lösung zur autonomen Fahrwerkregelung.

ANGZWFLT.
PRAXISTIPP

***Achtung:** Alle Schrauben nicht mit Schlagschrauber anziehen und auf verspannungsfreien Einbau achten! Nach einer ersten Probefahrt mit neuem Fahrwerk, werden alle unteren Befestigungsschrauben der Radaufhängung noch mal gelöst und das Auto von Hand durchgefedert; so können alle Gummibuchsen entspannen. Anschließend Schrauben wieder festziehen und die Achsvermessung durchführen. So stimmen die Achswerte präzise und nervigem Knarzen wird vorgebeugt!*

Immer in der richtigen Spur bleiben

Nach jeglichen Veränderungen am Fahrwerk ist eine anschließende Achsvermessung zwingend erforderlich. Da durch den Umbau des Fahrwerks maßgeblich in die bestehende Achsgeometrie eingegriffen wird, muss diese im direkten Anschluss durch in der Regel digitale Messsysteme wieder genau vermessen und eingestellt werden. Eine perfekte Spur-

Unverzichtbar: Nach allen Arbeiten am Fahrwerk muss eine Achsvermessung erfolgen. Nur so kann sichergestellt werden, …

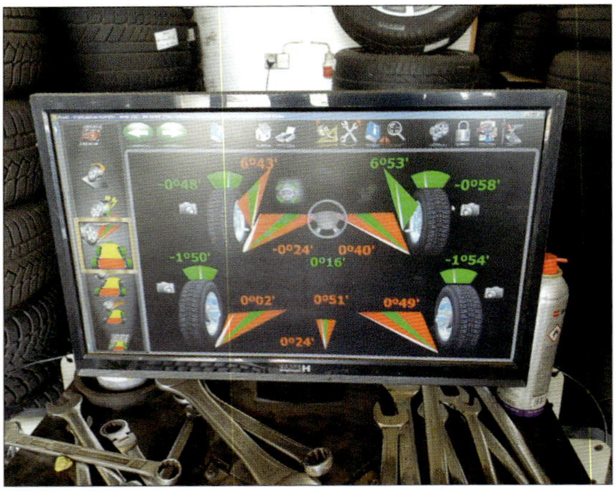

... dass die Modifikationen auch den gewünschten Effekt haben. Das Messprotokoll der Achsvermessung ist als Nachweis bei einer Eintragung erforderlich.

und Sturzeinstellung sorgt für eine gute Straßenlage und ein sicheres Handling. Zusätzlich werden der Reifenverschleiß sowie die Belastung auf Gummis und Achsgelenke minimiert.

Die wichtigsten Begriffe rund um die Achsvermessung kurz und knackig erklärt

Die Spur bezeichnet die Stellung der Räder einer Achse (in Fahrtrichtung) zueinander. Darunter versteht man das Maß, um das die Räder der jeweiligen Achse vorn enger zusammen oder weiter auseinander stehen als hinten. Im ersten Fall spricht der Fachmann von Vorspur, im zweiten (selteneren) Fall von Nachspur. Eine falsche Spureinstellung ist die häufigste Ursache für flatternde Lenkung, einseitiges Ziehen des Fahrzeugs und extreme Reifenabnutzung.

Der Sturz ist die Neigung der Radebene oben nach innen oder außen zur Senkrechten auf der Fahrbahn. Eine Neigung nach innen ergibt einen negativen Sturz, eine Neigung nach außen ergibt einen positiven Sturz. Eine falsche Sturzeinstellung (über 2 Grad) verursacht einen erhöhten Verschleiß auf der Innen- oder Außenseite des Reifens. Ein verstellbares Domlager bietet mehr Justiermöglichkeiten. Bei den meisten Fahrzeugen ist ein

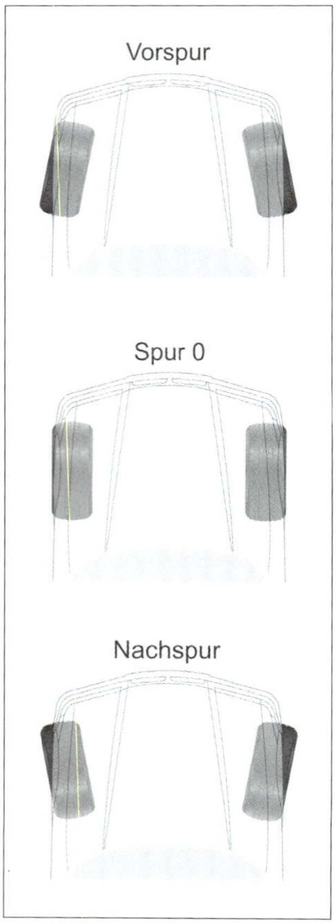

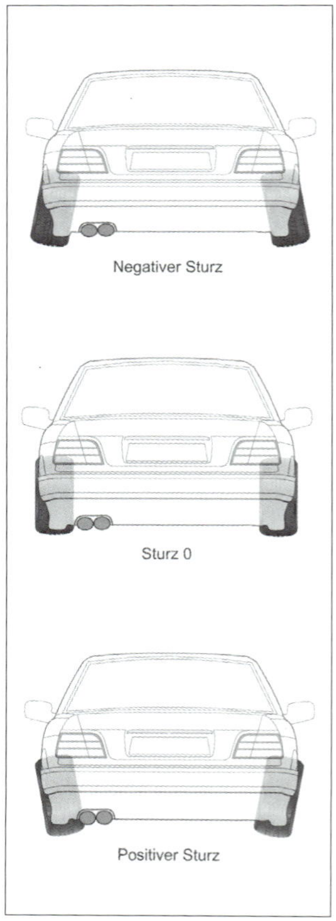

Eine leichte Vorspur ist bei so ziemlich allen Fahrzeugen üblich. So wird auch leichtes Spiel in den Aufhängungsgelenken ausgeglichen. Ein negativer Sturz sorgt für höhere maximale Seitenführungskräfte bei Kurvenfahrt.

Ein negativer Sturz von mehr als 2 Grad ist im normalen Straßenverkehr nicht effektiv, sondern führt nur zu einem erhöhten Reifenverschleiß.

leicht negativer Sturz an allen Räder üblich, um so höhere Seitenführungskräfte bei Kurvenfahrten zu ermöglichen.

Im alltäglichen Verkehr ist alles über 2 Grad nicht wirklich optimal, weil der Reifen (auch aufgrund des Reibkoeffizienten) viel früher ins Rutschen kommen wird, bevor er durch den Sturz die komplette Aufflagefläche erreicht.

Der Nachlauf ist die Neigung des Achsschenkelbolzens oben nach hinten oder vorn. Die Neigung nach hinten gibt positiven Nachlauf. Die Neigung des Achsschenkelbolzens oben nach vorn resultiert in einem negativen Nachlauf (auch Vorlauf genannt). Der Nachlauf soll den Geradeauslauf stabilisieren und die Lenkung nach der Kurvenfahrt zurückstellen.

ANGZWELT.

PRAXISTIPP

Wenn sich das Fahrverhalten ohne Eingriffe am Fahrwerk schleichend oder plötzlich verändert, kann dies natürlich verschiedene Ursachen haben. Die folgende Tabelle bietet euch eine Übersicht über die gängigsten Probleme und Hinweise zu deren Behebung. Achtung: Für eine verbindliche Diagnose bitte Fachwerkstatt aufsuchen!

Innovation aus dem Motorsport: Einstellbare Stütz- und Domlager verfügen je nach Ausführung über eine skalierbare Sturzverstellung und sind optional auch im Nachlauf justierbar.

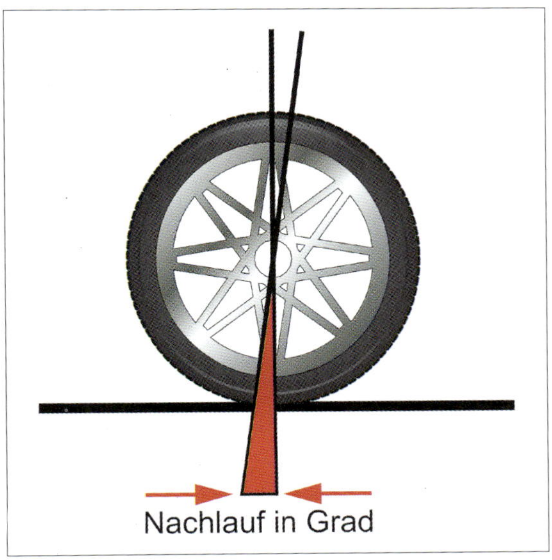

Einen positiven Nachlauf findet man bevorzugt an Fahrzeugen mit Heckantrieb, während die Fronttriebler in der Regel einen negativen Nachlauf aufweisen.

Störung	Mögliche Ursachen	Abhilfe
Geräusche von der Vorderachse	1. Vorderradlager lose oder verschlissen. 2. Bauteile der Radaufhängung oder der Lenkung lose oder verschlissen	1. Vorderradlager einstellen oder austauschen. 2. Bauteile nach Bedarf festziehen/austauschen
Zu großes Spiel in der Lenkung	1. Vorderradlager lose oder verschlissen 2. Bauteile der Radaufhängung oder der Lenkung lose oder verschlissen 3. Lenkgetriebe lose oder verschlissen	1. Vorderradlager einstellen oder austauschen 2. Bauteile nach Bedarf festziehen/austauschen 3. Lenkgetriebe befestigen / einstellen oder austauschen
Flattern der Vorderräder	1. Vorderradlager lose oder verschlissen 2. Bauteile der Radaufhängung oder der Lenkung lose oder verschlissen 3. Reifen sind abgenutzt oder laufen mit Unwucht 4. Vorderradeinstellung 5. Lenkungsdämpfer undicht	1. Vorderradlager einstellen oder austauschen 2. Bauteile nach Bedarf festziehen/austauschen 3. Reifen auswuchten oder erneuern 4. Vorderachse vermessen und einstellen 5. Lenkungsdämper tauschen
Instabiles Fahrverhalten	1. Vorderradlager lose oder verschlissen 2. Bauteile der Radaufhängung oder der Lenkung lose oder verschlissen 3. Reifenfülldruck 4. Vorderradeinstellung	1. Vorderradlager einstellen oder austauschen 2. Bauteile nach Bedarf festziehen/austauschen 3. Reifenfülldruck korrigieren 4. Fahrzeug an der Vorderachse vermessen und einstellen
Lenkung schwergängig	1. Lenkgetriebe locker oder verschlissen 2. Zu wenig Servoöl 3. Lenksäulenkupplung klemmt 4. Reifenfülldruck 5. Vorderradeinstellung	1. Lenkgetriebe befestigen/einstellen oder austauschen 2. Servoöl nachfüllen und Undichtigkeit beseitigen 3. Lenksäulenkupplung austauschen 4. Reifenfülldruck korrigieren 5. Vorderachse vermessen und einstellen
Fahrzeug zieht einseitig	1. Reifenfülldruck 2. Vorderradeinstellung 3. Bauteile der Radaufhängung oder der Lenkung lose oder verschlissen 4. Ziehen wird durch Reifen verursacht 5. Bremsen ziehen oder schleifen einseitig 6. Feder zu schwach oder gebrochen	1. Reifenfülldruck korrigieren 2. Vorderachse vermessen und einstellen 3. Bauteile nach Bedarf festziehen/austauschen 4. Reifen nach Bedarf umsetzen oder erneuern 5. Bremsen instandsetzen 6. Feder austauschen

Bodenfreiheit und ihre Auflagen

Klares Statement!

Glückszahl: Die erforderliche Mindestbodenfreiheit beträgt 80 mm.

Stellen wir uns nun die entscheidende Frage: „How deep is your Love" zur legalen Tieferlegung? Gemäß Erläuterung 20 zum §30 StVZO (Beschaffenheit des Fahrzeugs) darf ein Fahrzeug in keinem Zustand während der Fahrt den Boden berühren. Dabei wird angenommen, dass dies bei 80 mm und voller Beladung gegeben ist. Man kann das Fahrzeug auch „tiefer schrauben", muss dann aber durch diverse Fahrversuche belegen, dass die Fuhre zu keinem Zeitpunkt Bodenkontakt hat. Das nachzuweisen ist nicht nur aufwändig, sondern auch sehr kostenintensiv.

Zusammenfassend: Es gibt kein Gesetz, in dem die 80 mm Bodenfreiheit festgelegt sind. Durch die Vorgabe des Gesetzgebers, dass ein Fahrzeug zu keinem Zeitpunkt den Boden berühren darf, und aufgrund verschiedener Versuche ergibt sich indirekt die Mindestbodenfreiheit von 80 mm.

Für die Eintragung unseres Wunschfahrwerks wird sich der Sachverständige an der Empfehlung „VdTÜV Merkblatt 751" orientieren, in dessen Anhang II klar definiert ist, dass ein tiefergelegtes Fahrzeug mindestens 80 mm Bodenfreiheit aufweisen muss. In der Praxis erfolgt die Überprüfung gerne mit einem so genannten „Norm"-Kantholz. Ich nenne dieses Werkstück auch gerne liebevoll den „The-Rock-Gedächtnisprügel".

Dieses Kantholz hat eine Höhe von 80 mm zur Prüfung der Bodenfreiheit zu festen Anbauteilen. Mit „festen Anbauteilen" sind alle Fahrzeugteile gemeint, die sich nach Kontakt nicht in ihre ursprüngliche Ausgangslage zurückformen, wie beispielsweise Achsträger, Motorträger, Ölwanne, Stoßstange usw.

Die 70 mm breite Seite des Kantholzes wird für die Überprüfung der Bodenfreiheit flexibler Teilen genutzt. Flexible Teile sind z. B. Spoilerlippen, die nach Verformung wieder in ihre Ausgangslage zurückgehen.

Wenn das Kantholz vom Prüfer behutsam unter das Auto geschoben und von links nach rechts bewegt wird und dabei keine festen Anbauteile berührt, gilt auch diese Prüfung als bestanden. So kommen wir der Eintragung schon einen großen Schritt näher.

Sicherlich mag es Prüfer geben, die eine geringere Bodenfreiheit akzeptieren. Fakt ist jedoch, dass sich die VdTÜV-Auslegung bei der Bewertung einer Fahrzeugsituation als Regelgrund durchgesetzt hat und als Richtwert im Zweifelsfall als Grundlage hinzugezogen wird.

ANGZWFLT.
PRAXISTIPP

Für alle, die berechtigterweise in Zusammenhang einer bereits serienmäßig geringeren Bodenfreiheit von weniger als 80 mm auf Porsche 911 GT3, Lamborghini oder andere Supersportwagen verweisen, denen sei gesagt: Der Hersteller haftet dafür, dass in jedem Fahrzustand kein Teil den Boden berührt und muss mit aufwändigen Fahrversuchen dies nachweisen.

Eine erfolgreiche Eintragung der Tieferlegung setzt eine technisch sowie theoretisch perfekte Vorbereitung voraus.

Neben der Angabe der Mindestbodenfreiheit, gibt es natürlich noch weitere verbindliche Werte und Auflagen, die erfüllt sein müssen, damit ein Sachverständiger die Tieferlegung ordnungsgemäß prüfen, abnehmen und für die ersehnte Eintragung freigeben kann. Worauf wir bereits beim Umbau achten können, um uns Ärger zu ersparen:

Fern- & Abblendlicht (Lichtaustrittskante) / 500 mm / §50 Abs.1 StVZO
Nebelscheinwerfer / 250 mm / §52 StVZO
Kennzeichen vorne / 200 mm / §10 Abs.7 FZV

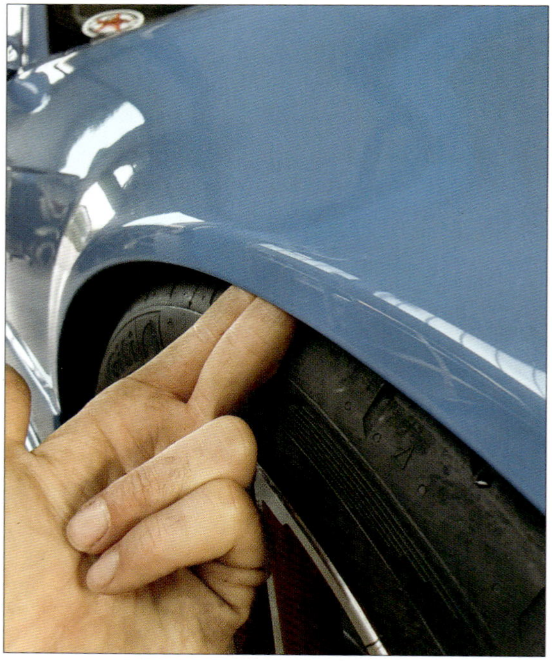

Enge Kiste: Wenn die Reifen nicht ausreichend Freigängigkeit aufweisen, sinkt die Laune des Prüfers ...

Und zu guter Letzt muss natürlich die Freigängigkeit der Reifen zu allen anderen Bauteilen im verschränkten Zustand gewährleistet sein, womit wir auch schon gleich die perfekte Überleitung zum nächsten Thema haben ...

Diagonale Verschränkung und Freigängigkeit

Wenn man den Aussagen der Community Glauben schenken mag, beschreibt das nächste Thema den vermutlich unrealistischsten Zustand, den ein Fahrzeug je erreichen kann. Jedoch führt an genau dieser Prüfung leider kein Weg vorbei, um ein Fahrwerk legal eingetragen zu bekommen. Ziel dieser Übung ist es, das Fahrzeug maximal zu verschränken und so die Freigängigkeit der Räder in Kombination mit den Anbauteilen zu prüfen. Wenn man beispielsweise mit den linken Vorderrad und dem rechten Hinterrad auf die 14 cm

Extremtest: Auch wenn dieser Fall in der Realität wohl eher nicht auftritt, so muss auch in dieser extremen Stellung die Freigängigkeit der Räder gewährleistet sein. (Bild rechts und Mitte)

Auch die eingeschlagenen Räder dürfen in der Extremstellung nicht schleifen.

Beste Voraussetzung: Hier würde der Prüfer vermutlich die technische Veränderung bedenkenlos absegnen.

hohen Rampen auffährt, hat man durch die 2-Punkt-Belastung (statt 4 Punkte, wenn alle 4 Räder Bodenkontakt haben) jeweils die gesamte Last der Vorderachse auf dem linken Vorderrad und die gesamte Last der Hinterachse auf dem rechten Hinterrad. Dieser Zustand beschreibt die maximale Einfederung. Im Zuge dieser Prüfung muss man natürlich das Lenkrad einschlagen, um festzustellen, ob im maximal eingefederten Zustand das vordere Rad den Kotflügel berührt und die vorgegebenen Mindestmaße erfüllt. Das VdTÜV Merkblatt 751 besagt nämlich, dass auch hier eine Freigängigkeit des Reifens zu allen Bauteilen wie bspw. Radlauf/Radkasten von mindestens 6 mm gewährleistet sein muss.

ANGZWELT.
PRAXISTIPP

Den Verschränkungstest könnt ihr ganz einfach selbst in der Garage oder Hobby-Werkstatt durchführen, indem ihr das Auto von der Hebebühne oder dem Wagenheber auf beispielsweise zwei diagonal (liegend) angeordnete, alte Stahlfelgen stellt. Dabei ist aber zu beachten, dass sich das Fahrzeug beim Ablassen immer verspannt und somit nicht komplett einfedert. Die Höhe der Gegenstände ist egal, sie muss nur an beiden Punkten identisch sein. Die Freigängigkeit kann mit einem Kugelschreiber oder einem Finger geprüft werden.

Grundsätzlich taucht das Rad an der Hinterachse bei einer Einzelradaufhängung optisch immer etwas tiefer ein. Bei Fahrzeugen mit Verbundlenkerachse wirkt die Achse als Stabilisator, wodurch das Rad bei Verschränkung nicht voll einfedern kann. Daher ist bei dieser Achsform zusätzlich noch die maximale Einfederung durch wippen am Fahrzeug bei Beladung zu prüfen.

Aus der Praxis

Eintragungsfähigkeit und Auflagen bei Tieferlegungsfedern (basierend auf Audi A4/A6)

Ihr habt euch entschieden, die Tieferlegung eures Schmuckstücks mit Hilfe von Tieferlegungsfedern durchzuführen? Das ist natürlich kein Problem und sicherlich eine der leichteren Übungen; auch für den Sachverständigen, der diesen Umbau selbstverständlich trotzdem in vollem Umfang auf Basis des – hoffentlich – beiliegenden Teilegutachtens nach §19(3) StVZO prüfen muss.

Bei einem Teilegutachten wird immer angenommen, dass es sich um ein sonst serienmäßiges Fahrzeug handelt. Mögliche freigegebene Kombinationen mit anderen Teilen, wie Sonderräder, sind im Teilegutachten explizit aufgeführt.

Selbst bei einer Tieferlegung von nur 30 mm an Vorder- und Hinterachse müssen einige Auflagen eingehalten werden, die sicherstellen sollen, dass durch diese Tieferlegung keine Gefährdung für den Fahrer und/oder andere Verkehrsteilnehmer besteht.

Einige solcher Auflagen und Auszüge aus einem Teilegutachten, basierend auf dem Federnsatz für einen AUDI A4/A6, führe ich euch hier gerne mal auf:

Unverzügliche Durchführung und Bestätigung der Änderungsabnahme

Zu Punkt 0 im Teilegutachten (Unverzügliche Durchführung) steht: Durch die vorgenommene Änderung erlischt die Betriebserlaubnis des Fahrzeugs, wenn nicht unverzüglich die gemäß § 19(3) StVZO vorgeschriebene Abnahme des Einbaus durch einen amtlich anerkannten Sachverständigen oder Prüfingenieur durchgeführt und bestätigt wird oder festgelegte Auflagen nicht eingehalten werden.

Mitführen von Dokumenten

Nach durchgeführter Abnahme ist die ausgestellte Bestätigung der Änderungsabnahme mit den Fahrzeugpapieren mitzuführen und zuständigen Personen auf Verlangen zur Prüfung auszuhändigen. Dies entfällt nach erfolgter Berichtigung der Fahrzeugpapiere.

Berichtigung der Fahrzeugpapiere

Die Berichtigung der Fahrzeugpapiere (Zulassungsbescheinigungen Teil I) durch die zuständige Zulassungsbehörde ist durch den Fahrzeughalter entsprechend der Festlegung in der Bestätigung der Änderungsabnahme zu beantragen.

Dämpferwechsel aus Wartungsgründen

Bei einer Tieferlegung durch Federn wird vorausgesetzt, dass es sich beim Stoßdämpfer immer um den Seriendämpfer des Fahrzeugs handelt. Sollte dies aus Wartungs- oder Reparaturgründen nicht mehr gegeben sein, muss der Dämpfer in seiner Abmessung und Funktion jedoch dem Seriendämpfer entsprechen.

Kombinierbarkeit mit weiteren Änderungen am Fahrzeug

Die Änderung gemäß dem vorliegenden Teilegutachten gilt nur für ansonsten serienmäßige Fahrzeuge. Werden mehrere Änderungen, die sich in ihrer Kombination gegenseitig so beeinflussen, dass eine Gefährdung zu erwarten ist, zeitgleich oder zeitlich versetzt vorgenommen, so erlischt die Betriebserlaubnis des Fahrzeugs. In diesem Fall ist eine Begutachtung durch einen amtlich anerkannten Sachverständigen erforderlich.

Selbstverständlich ist die Fahrzeughöhe in den Fahrzeugpapieren neu festzulegen. Das genaue Maß der Tieferlegung ist von fahrzeugspezifischen Toleranzen, der Reifengröße und der Fahrzeugausführung abhängig. Ebenso ist die Kinematik der Radaufhängung und Lenkung (z. B. Vorspur, Sturz, Spreizung und Nachlauf) nach der Umrüstung auf Einhaltung der vom Fahrzeughersteller angegebenen Sollwerte des serienmäßigen Fahrzeugs zu überprüfen und gegebenenfalls einzustellen.

Für einen reibungslosen Ablauf der Prozedur bringt ihr am besten das Mess-/Einstellprotokoll der zuvor durchgeführten Achsvermessung direkt mit zur Prüfung. Auch die *Lichttechnische Einrichtung* an dem Fahrzeug muss natürlich auf die korrekten Werte geprüft und gegebenenfalls eingestellt werden, damit die Ausleuchtung der Straße in keiner Situation beeinträchtigt wird.

Außerdem ist zu prüfen, ob bei vollständig ausgefederten Achsen alle Federn noch eine ausreichende Vorspannung aufweisen.

Übrigens können aus technischer Sicht alle serienmäßigen Rad-Reifen-Kombinationen für das entsprechende Fahrzeugmodell bedenkenlos verwendet werden.

Da dieses Gutachten von einem ansonsten serienmäßigen Fahrzeug ausgeht, stellt sich natürlich jetzt die Frage, wie es sich verhält, wenn so genannte Sonderräder zum Einsatz kommen. Hier zitiere ich am besten den Absatz aus dem Teilegutachten:

„Es bestehen weiterhin keine technischen Bedenken gegen die Verwendung von Sonder-Rad-Reifen-Kombinationen, wenn folgende Bedingungen eingehalten sind: Es liegen besondere Teilegutachten bzw. Allgemeine Betriebserlaubnisse für die entsprechende Rad-Reifen-Kombination vor und die jeweils erforderlichen Auflagen bis auf die nachfolgende Ausnahme sind eingehalten. Werden Federwegbegrenzer in diesen Räder-Gutachten vorgeschrieben, so muss die Kennlinie der Achsfederung für die Tieferlegung neu ermittelt und bewertet werden (Begutachtung nach §21 StVZO)."

Eintragungsfähigkeit und Auflagen bei Sportfahrwerken (basierend auf BMW 3er E30)

Grundsätzlich sind natürlich beim Einbau eines kompletten Sportfahrwerks (Tieferlegung hier: 55 mm vorn, 30 mm hinten) viele Auflagen und Auszüge mit denen der Tieferlegung durch Federn identisch. Allerdings gibt es hier Besonderheiten, die wir uns im Folgenden näher anschauen wollen. Auch der Einbau eines Sportfahrwerks hat eine Änderungsabnahme nach §19(3) StVZO zur Folge, das heißt: Die Betriebserlaubnis erlischt hier nicht, wenn der Umbau unverzüglich einem amtlich anerkannten Sachverständigen oder Prüfingenieur zur Änderungsabnahme vorgeführt wird. Solltet ihr bereits vor der Tieferlegung mit dem „neuen" Sportfahrwerk weitere Änderungen am Fahrzeug durchgeführt haben, durch die aktuell eine Gefährdung zu erwarten ist, muss die Kombination der Umbauten zeitgleich vom Prüfer begutachtet werden. Ansonsten erlischt ebenfalls die Betriebserlaubnis für das Fahrzeug. Bei einem Umbau dieser Art muss bei der Prüfung sichergestellt werden, dass beispielsweise die Antriebswellen, Räder, Reifen, Rahmenköpfe, Spurstangen, Stabis, Bremsleitungen etc. die geforderte Freigängigkeit aufweisen, die Bodenfreiheit an allen Bauteilen erhalten bleibt und kein Teil irgendwo „schleift". Selbstverständlich muss auch hier die Fahrzeughöhe neu festgestellt und in die Zulassungspapiere übertragen werden. Für diese Änderungsabnahme sind ebenfalls die

Erleuchtung: Nach erfolgtem Einbau des Sportfahrwerks muss die Lichtaustrittskante kontrolliert werden.

Nachweise über eine Achsvermessung erforderlich, außerdem werden die Scheinwerfer auf korrekte Einstellung geprüft. Logischerweise greifen wir durch die Tieferlegung mit einem Sportfahrwerk deutlich massiver in den gesamten Fahrzeugaufbau ein als dies mit einem Federsatz der Fall ist. Aus diesem Grunde gibt es noch einige spezielle Dinge, auf die geachtet werden muss und die im Zuge der Änderungsabnahme geprüft werden:

Fern- & Abblendlicht (Lichtaustrittskante) / 500 mm / §50 Abs.1 StVZO
Nebelscheinwerfer / 250 mm / §52 StVZO
Kennzeichen vorne / 200 mm / §10 Abs.7 FZV

Auch hier gilt, dass dieses Gutachten auf Basis eines sonst serienmäßigen Fahrzeugs mit der zulässigen Serienbereifung erstellt wurde. Bei Sonderrädern in Kombination mit dem Fahrwerk bedarf es wieder einer Änderungsabnahme nach §21 bzw. §19(2) StVZO durch einen amtlich anerkannten Sachverständigen.

Die Verwendung des Tieferlegungssatzes an Fahrzeugen mit Niveauregulierung ist nicht zulässig.

Wichtig für Fahrzeuge mit Anhängerkupplung: Bei vorhandener Anhängerkupplung ist zu überprüfen, ob die Höhe der Kugelmitte bei Belastung des Fahrzeugs mit dem zulässigen Gesamtgewicht im vorgeschriebenen Bereich liegt. Hier muss die Mitte der Kupplungskugel zwischen 350 mm und 420 mm über dem Boden liegen.

Eintragungsfähigkeit und Auflagen bei Gewindefahrwerken (am Beispiel Opel Astra GTC)

Im Vergleich zu den Federn und dem Sportfahrwerk, ist das Teilegutachten bei einem Gewindefahrwerk gleich mal doppelt so umfangreich. Dieser Umstand hat aber auch damit zu tun, dass bei diesem Gutachten sehr intensiv auf die jeweiligen Achsen, deren Werte und den Verstellbereich des Fahrwerks eingegangen wird. Es handelt sich hierbei um ein stufenlos verstellbares Gewindefahrwerk mit einer möglichen Tieferlegung von 20 bis 50 mm an der Vorderachse und 25 bis 55 mm an der Hinterachse. Selbstverständlich erlischt auch hier die Betriebserlaubnis nicht, wenn unverzüglich nach dem Einbau des Fahrwerks die Änderungsabnahme nach §19(3) StVZO durch einen amtlich anerkannten Sachverständigen oder Prüfingenieur durchgeführt wird. Prinzipiell kann man sich bei den Auflagen (Bodenfreiheit, Sonderräder, Kombinationen, Lichttechnische Einrichtungen usw.) immer an denen eines Sportfahrwerks orientieren. Hier kommen lediglich durch die variable Bodenfreiheit noch einige wichtige Punkte wie folgt hinzu:

Die dynamische Bodenfreiheit wird durch den Einbau der Sonderfedern/-Dämpfer infolge der größeren Einfederwege an der Vorder- und Hinterachse verringert. Beim Prüffahrzeug betrug die Bodenfreiheit mindestens 80 mm (unter der Vorderachse). Beim Überfahren von Bodenwellen, Schwellen und Aufpflasterungen ist entsprechend vorsichtig zu fahren. Nach dem Anbau von Sonderspoilern, -Heckschürzen und Sonderauspuffanlagen ist der verringerte Überhangwinkel zu beachten.

Auch hier ist die Verwendung des Tieferlegungssatzes an Fahrzeugen mit Niveauregulierung nicht zulässig.

Das Fahrwerk \\\ Teil 2

ALLES RUND UM DAS AIRRIDE- ODER LUFTFAHRWERK

Nachdem wir uns sehr ausführlich dem Themengebiet Sport- und Gewindefahrwerke gewidmet haben, kommen wir jetzt zu einer Fahrwerkstechnik, die sich in Tuner-Kreisen großer Beliebtheit erfreut: das Airride-Fahrwerk. Leider gibt es besonders in Sachen Luftfahrwerk reichlich viel Halb- und Falschwissen in der Szene. Frei nach dem Motto „Bodenfreiheit ist Platzverschwendung" wollen wir euch hier erklären, was geht – und was nicht.

Ich kann aus eigener Erfahrung sagen, dass wenn man es nicht weiß, sofort merkt, ob man in diesem Moment ein Fahrzeug mit

Low Life: Diese Variante des Tunings wird von ihren Anhängern als regelrechter Lifestyle kultiviert. Projekte mit Klassikern wie diesem Mercedes-Benz W 124 sind extrem sexy.

oder ohne Luftfahrwerk bewegt. Selbstverständlich kann das System auch nur so gut sein wie die Qualität der verwendeten Komponenten. Jedem ist hoffentlich klar, dass ein 1000-Euro-System einfach nicht mit einer Ausrüstung für 3000 Euro vergleichbar ist. Es bleibt auf jeden Fall spannend zu sehen, welche technischen Fortschritte die Hersteller in Zukunft noch präsentieren werden – die Nachfrage ist definitiv vorhanden.

Natürlich stellt sich auch bei einem „Airride" die Frage nach der maximal erlaubten Tiefe. Hier muss aber ganz klar zwischen der zulässigen Fahr- und der Standhöhe unterschieden werden. Bei der so genannten Fahrhöhe müssen zunächst einmal alle Vor-

Schön, aber leider „Street Illegal": Handwerklich saubere Arbeit von „Murxa Garage" verwandelte dieses Astra G Coupé in ein spektakuläres Show Car.

gaben für ein Gewindefahrwerk wie bspw. die Bodenfreiheit (80 mm), die Freigängigkeiten und die Lichtaustrittskante eingehalten werden.

Bei der Standhöhe, auch „Ablegen/Parkstellung" genannt, gibt es Auflagen, die keinesfalls ausser Acht gelassen werden dürfen. So müssen im Stand unter anderem die Parklichter und Reflektoren, die am Fahrzeug vorhanden sind, die zulässigen Mindesthöhen aufweisen.

Ganz wichtig: Die Notlaufeigenschaften müssen zu jedem Zeitpunkt gegeben sein.

2

Airride-Fahrwerke gehören bei eskalierenden Show-Fahrzeugen zur „Serienausstattung".

So wird sichergestellt, dass im Falle eines unkontrollierten Druckverlustes, euer Fahrzeug den Gefahrenbereich wie bspw. auf der Autobahn, der Kreuzung oder dem Bahnübergang aus eigener Kraft verlassen kann. Ermöglicht wird dies durch die so genannten „Begrenzer". Die aus Kunststoff gefertigten Teile werden am Federbein verbaut und verhindern im Notfall ein vollständiges Absacken des Fahrzeugs.

TUNINGWELT
PRAXISTIPP

Bei Verwendung eines legalen Airride-Fahrwerks ist es übrigens nicht möglich, das Fahrzeug für Show-Zwecke beispielsweise auf Treffen komplett „auf die Straße zu knallen", so dass die Schweller den Boden berühren. Auch das verhindern die Begrenzer.

Aber lasst uns nach diesem Schnelleinstieg jetzt mal ein bisschen „tiefer" in die Materie eintauchen und schauen, mit welcher Technik wir es bei einem Luftfahrwerk zu tun haben und wie es so um die Eintragungsfähigkeit bestellt ist.

Funktion eines Luftfahrwerks

Airride-Fahrwerke haben längst ihren festen Platz in der Szene gefunden. Ich will sogar behaupten, dass es hier eine eingeschworene Gemeinde gibt, die ihren eigenen Lifestyle um das Airride kreiert hat und diese Philosophie der Autoveredelung bei allen ihren Projekten bis ins Letzte auslebt. Luftfahrwerke werden schon lange nicht mehr nur dazu genutzt, um

Hindernisse entspannter überfahren zu können und so den Fahrkomfort zu verbessern, sondern um das Fahrzeug per Knopfdruck dem Erdboden möglichst nahe zu bringen. Spektakuläre Showeffekte sind Lohn für die teilweise sehr aufwändigen Umbauten.

Legalität steht hier leider nicht immer im Vordergrund – eigentlich grob fahrlässig, denn bei einem Airride ist der Grat zwischen Tuning und der eigenen Sicherheit deutlich schmaler als bei einer Abgasanlage mit kernigerem Sound. „Airrides" werden im Vergleich zu konventionellen Luftfahrwerken, wie sie beispielsweise in Limousinen der Oberklasse verwendet werden, speziell von Fachfirmen in den unterschiedlichsten Ausführungen angeboten und verbaut. Es gibt fertig konfigurierte Komplettsets zu kaufen, alternativ kann mit Bauteilen verschiedenster Anbieter auch ein Wunschkit zusammengestellt werden. So ist es nicht verwunderlich, dass es heute für fast jedes Fahrzeug irgendeine „Air"-Solution gibt. Die Steuerung solcher Fahrwerke erfolgt in der Regel stufenlos per Knopfdruck im Fahrzeuginneren oder durch eine klassische Fernbedienung.

Nachteil bei einem Luftfahrwerk ist die deutlich aufwändigere Technik, die dafür benötigt wird.

Luftfahrwerke ermöglichen den maximalen Tiefgang bei bestem Fahrkomfort!

Angesichts der zahlreichen Komponenten, die benötigt werden, um ein Airride in Betrieb nehmen zu können, mag dem Laien ein Luftfahrwerk zunächst einmal deutlich komplexer erscheinen als ein „normales" Gewindefahrwerk:

Zur Erzeugung des erforderlichen Betriebsdrucks benötigt man unter anderem Kompressor, Lufttank, Steuerventile und verschiedenste Schläuche. Bei Showcars wird der Großteil dieser Komponenten bewusst sichtbar im Kofferraum verbaut, so dass spätestens beim Öffnen der Heckklappe für jeden Betrachter klar ist: Der Einkaufskorb muss einen neuen Platz finden – hier arbeitet ein Luftfahrwerk. Für alle, denen trotz Umbau die Alltagstauglichkeit ihres Wagens wichtig ist, bietet sich als alternative Einbaumöglichkeit auch die Reserveradmulde an.

Die eigentliche Regulierung der Fahrzeughöhe geschieht jedoch nicht im Kofferraum, sondern an den Federbeinen und Luftbälgen selbst. Je nach Art und Ausführung des Serienfahrwerks werden die Stahlfedern gegen

Technik-Puzzle: Der Lufttank wird von einem Kompressor über Leitungen befüllt. Es gibt zahlreiche Anbieter, die entsprechende Komponenten im Sortiment haben. Wasserabscheider nicht vergessen zu ordern!

Beim Einbau der Komponenten sind der Kreativität keine Grenzen gesetzt.

Luftfederbälge ersetzt. Außerdem müssen natürlich die Stoßdämpfer auf das Fahrzeug und das Luftsystem abgestimmt sein. Bei Basismodellen eines Airrides entsprechen die Sportstoßdämpfer denen eines konventionellen Fahrwerks. Es gibt aber heute schon Serien-Fahrzeuge, die über eine adaptive Fahrwerkregulierung verfügen und sich mittels Schalter an die verschiedenen Bedürfnisse des Fahrers (normal, sportlich oder komfortabel) einstellen lassen. Fahrzeuge mit diesem so genannten DCC (Dynamic Chassis Control) können grundsätzlich durch den Einbau eines „Stilllegungskits" jederzeit auf ein „normales" Airride umgebaut werden. Das Stilllegungskit hat die Aufgabe, dem DCC-Steuergerät zu signalisieren, dass trotz deaktivierter Fahrwerkregulierung kein Fehler im System vorliegt.

Aber wie genau funktioniert eigentlich so ein Luftfahrwerk? Bei der Druckbeaufschlagung blasen sich die Luftbälge mit der durch den Kompressor erzeugten und im Lufttank verdichteten, gespeicherten Luft auf und heben das Fahrzeug an. Bei Verminderung des

Ein Manometer gibt zuverlässig Auskunft über den Systemdruck.

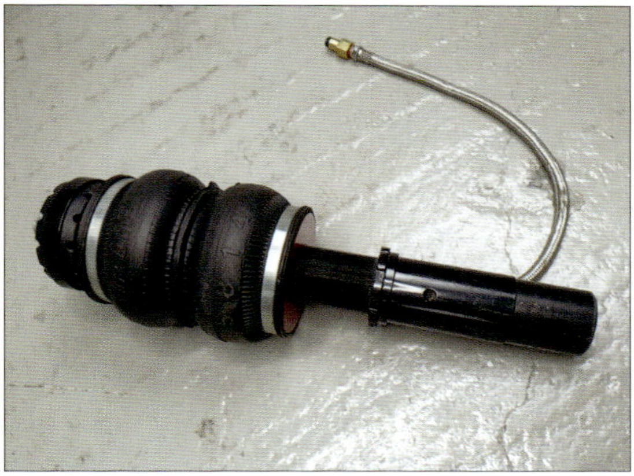

Teamwork: Die Stoßdämpfer werden speziell angefertigt und sind auf die Verwendung mit der Luftfeder abgestimmt.

Drucks, senkt sich das Fahrzeug logischerweise wieder ab. Diese Steuerung erfolgt über den verbauten (analogen oder digitalen) Ventilblock, der über einen Schalter oder eine Fernbedienung angesteuert wird. Besagter Ventilblock verteilt dann die Luft aus dem Lufttank an die verschiedenen Luftbälge. Dieses typische „Pff-Pffff"-Geräusch, das man vor Airride-Fahrzeugen kennt, entsteht dann, wenn die im Balg befindliche Luft durch Öffnen der Ventile wieder in die Umgebung abgeblasen wird.

Damit zur Höhenverstellung immer genug Luft in einem solchen „geschlossenen" System vorhanden ist, schaltet sich bei Unterschreitung des Mindestdrucks der Kompressor automatisch ein und füllt den Tank wieder auf.

Die wichtigsten Komponenten eines Luftfahrwerks

Der Dämpfer

Auch ein Luftfahrwerk benötigt natürlich einen Dämpfer. Dieser muss in jedem Fall geprüft und für den Zweck sowie das jeweilige Fahrzeug freigegeben sein. Da er sich baulich von einem „normalen" Serien- oder Sportdämpfer erheblich unterscheidet, ist die Umrüstung eines vorhandenen Dämpfers für den Einsatz in einem Luftfahrwerk technisch gesehen nicht empfehlenswert. Zumal fehlende Gutachten für die Kombination des umgebauten Dämpfers mit einer Luftfeder die nächste Hürde für eine Eintragung darstellen. Auch die Wirtschaftlichkeit einer solchen Aktion im Vergleich zu einem „geprüften" Federbein, darf an dieser Stelle „angezweifelt" werden ...

Das Lufterzeuger- Kit

Hier kommen wir dann aber auch schon zur Spielwiese für echte Individualisten, denn bei einem reinen **„Lufterzeuger-Kit"**, das aus einem Vorratsbehälter (Tank), einem Kompressor und einem Ventilblock besteht, sind den eigenen Wünschen fast keine Grenzen gesetzt. Zumal es bei den am Markt angebotenen Komponenten wenige bis keine Einschränkungen gibt.

Der Tank kann im Prinzip frei gewählt werden, sollte aber in jedem Fall bei einem Regeldruck von 10,2 bis 11,5 Bar mindestens 15 Bar Druck verkraften. Generell ist es natürlich ratsam, einen Tank zu wählen, der in irgendeiner Form aus dem Airride-Zubehör stammt. Vorratsbehälter „Marke Eigenbau" wären zwar theoretisch auch erlaubt, allerdings muss durch eine Druckprüfung belegt werden, dass die eingeschweißten Anschlüsse und Schweißnähte des Tanks unter Druck nicht reißen. Geeignete Tanks liegen preislich bei unter 100 Euro, sodass ein Eigenbau mit anschließender (teuren) Prüfung nicht wirklich Sinn macht.

Um den Tank zu befüllen, braucht das System natürlich auch einen **Kompressor**; je nach Bedarf können auch mehrere dieser „Luftpumpen" erforderlich sein. Einziges Kriterium bei der Auswahl: Kompressoren, die in Verbindung mit Luftfahrwerken verwendet werden, haben normalerweise einen Maximaldruck von 13,8 Bar (200 psi) und verfügen über einen 12-V-Anschluss für das Bordnetz des Fahrzeugs.

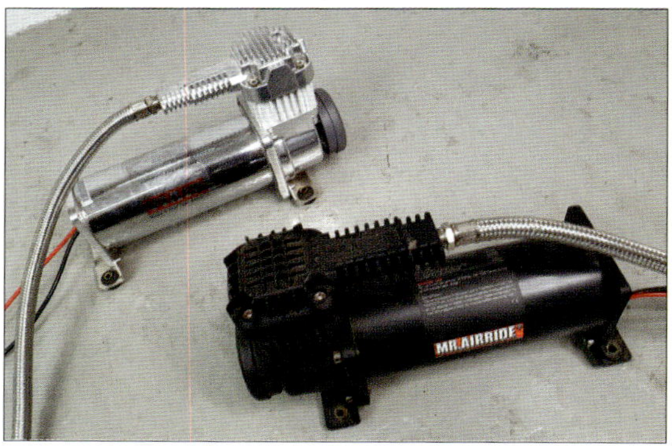

„Luftpumpe": Für die Befüllung des Lufttanks notwendige Luft sorgt ein Kompressor. Bei erhöhtem Bedarf können auch mehrere Kompressoren eingeplant werden.

Bei einem Defekt kann es vorkommen, dass der Kompressor nicht abschaltet, sondern fleißig weiter pumpt. Um den Lufttank zu schützen, muss immer ein **Überdruckventil** verbaut sein. Dieses Ventil öffnet, wenn der Tank seine Füllmenge erreicht hat und lässt die Luft ausströmen

Um das Lufterzeuger-Kit zu komplettieren, brauchen wir natürlich noch einen **Ventilblock**, der die Luft an die Bälge verteilt. Auch hier gibt es eine Vielzahl von Ausführungen von unzähligen Herstellern. Welcher Ventilblock für welchen Anspruch der Beste ist, lässt sich schwer definieren, da Ansprüche immer subjektiv zu bewerten sind. Die Ventilblöcke haben oftmals ähnliche Funktionen, unterscheiden sich jedoch in der Technik und vor allem im Preis voneinander. Es gibt zwei große Gruppen:

Analoge Ventilblöcke kamen vor Jahren zum Einsatz und gelten heute als „nicht mehr gängige" Variante. Mit diesen analogen Blöcken und der Kombination aus diversen Steuergeräten ist es lediglich möglich, eine im System abgespeicherte Höhe anzusteuern sowie eine achsweise Verstellung zu realisieren.

Digitale Ventilblöcke sind heute in verschiedenen Ausführungen erhältlich, gelten in Fachkreisen als „state of the art" und kombinieren alle notwendigen Steuergeräte. Diese Blöcke verfügen ebenso über die digitale Druckanzeige und ermöglichen eine einfache Steuerung.

In einem digitalen Ventilblock sind die Ventile integriert und elektronisch geregelt (es bedarf keines Blindstopfens, um offene Ventilausgänge zu schließen). Verschiedene Höhen und Tiefen sind frei programmierbar,

In Kombination mit dem Airlift 3P Ventilblock sorgt das so genannte TÜV Kit mit jeweils einem Sensor pro Federbein für die Notbefüllung, eine achsweise Steuerung sowie für ein Warnsignal bei Über- oder Unterdruck (Summer und/oder LED).

allerdings sollte natürlich wieder auf die zulässigen Stand- und Fahrhöhen geachtet werden. Vorteil der digitalen Ventilblöcke: Anti-Wank ist bereits integriert.

Anti-Wank

Wenn man sich mit dem Gedanken beschäftigt, ein Luftfahrwerk einbauen zu wollen, stolpert man zwangsläufig immer wieder über den Begriff des **„Anti-Wank-Kits"**, oder auch Neigungsbegrenzungs-Kit genannt.

Wir reden hier mal ganz bewusst vom **Luftfahrwerk**, denn wie der Name schon sagt, bewegt man sein Fahrzeug ja irgendwie und zwangsweise auf Luft. Die Vermutung liegt nahe, dass sich das Fahren auf Luft vielleicht schwammig anfühlt und damit auch die Fahrstabilität nicht ausreichend sicher sein könnte. Höhere Geschwindigkeiten könnten so das Gefühl vermitteln, man würde mit einem motorbetriebenen Schlauchboot über den welligen Atlantik brettern.

Aber welche Funktion hat denn nun ein „Anti-Wank-Kit"? Nehmen wir doch einfach mal als Grundlage ein sportliches „Static"-Fahrwerk und vergleichen dessen Eigenschaften mit denen eines Serienfahrwerks. Das Sportfahrwerk sorgt dafür, dass sich das Fahrzeug deutlich straffer anfühlt und sportlicher durch Kurven fahren lässt. Dies ist nur möglich, weil das Sportfahrwerk mit all seinen Komponenten auf genau solche Fahrsituationen abgestimmt ist. Bei einem Luftfahrwerk, mit dem man ja tatsächlich anstelle der strammen Stahlfedern auf Luft fährt, besteht die Problematik darin, dass hier die Luft hinter dem Ventil mit nur einer Leitung pro Achse und T- oder Y-Stücken zu den Bälgen geleitet wird. Beide Bälge einer Achse verfügen somit über dieselbe Menge an Luft. Wenn man jetzt in eine Kurve einfährt, wird die kurvenäußere Luftfeder mehr belastet als die kurveninnere. Verfügt das verbaute System nicht über ein „Anti-Wank"-System, wird die Luft nun aus dem zusammengedrückten (kurvenäußeren) Balg zu dem entlasteten (kurveninneren) Balg geführt, was dazu führt, dass sich dieser durch den „Mehr-Druck" anhebt und es zum so genannten „Wanken" kommt. Dieses auch als „schwammig" wahrgenommene Gefühl kann unter Umständen und abhängig von der gefahrenen Geschwindigkeit nicht ganz ungefährlich sein. Ein Anti-Wank-Kit verhindert genau diesen Zustand und ist in den aktuellen Ventilblock-Varianten der digitalen Generation durch die Einzelradansteuerung (zwei Leitungen pro Achse) bereits integriert.

Wissenswertes zur Einzelradansterung

Bei der Einzelradansteuerung wird jeder Luftbalg/Luftfeder über ein eigenes Ventil und dementsprechend eine eigene Leitung angesteuert. Für die Steuerbefehle „Auf" und „Ab" wird so die Luftzufuhr zur Luftfeder und die Abfuhr aus der Luftfeder geregelt. Dieses eigene Ventilsteuersystem besteht entweder aus einer Magnetventil-Kombination (1 Ventil für Steuerbefehl „Auf", 1 Ventil für Steuerbefehl „Ab") oder einem ganzen Ventilblock, mit dem die Ventile für alle Luftfedern integriert sind.

Allgemeine Eintragungsfähigkeit

Kommen wir jetzt zu der spannenden Frage: Welche Auflagen müssen erfüllt sein, um ein Airride legal eingetragen zu bekommen? Zunächst ist darauf zu achten, dass bereits beim Kauf des Luftfahrwerks ein Gutachten beiliegt. Dies ist im besten Fall ein Teilegutachten nach §19(3) StVZO, das belegt, dass nach sachgemäßem Einbau unter Beachtung der dort aufgeführten Auflagen, der Umbau den geltenden Vorschriften entspricht. Diese Teilegutachten werden jedoch immer nur in Kombination mit der serienmäßigen Rad-Reifen-Kombination geprüft und erstellt. Bei der Verwendung von Sonderrädern kommt es hier zu einer Einzelabnahme nach §19(2) StVZO. Hier dazu mal ein Auszug aus einem Teilegutachten nach §19(3) StVZO:

Serien-Rad-Reifen-Kombinationen

Es bestehen keine technischen Bedenken gegen die Verwendung der serienmäßigen Rad-Reifen-Kombination der jeweiligen Fahrzeugausstattung.

Sonder-Rad-Reifen-Kombinationen

Bei Rad-Reifen-Kombinationen mit von der Serie abweichenden Funktionsmaßen ist eine gesonderte Prüfung der Freigängigkeit und der Bodenfreiheit durchzuführen. Dabei sind alle laut Fahrzeugpapieren zulässigen Rad-Reifen-Kombinationen einzubeziehen. Bereits ausgestellte Anbaubestätigungen nach §19(3) StVZO über Sonder-Rad-Reifen-Kombinationen sind ungültig, sofern sie keinen Nachweis auf das vorliegende Fahrwerk enthalten.

Stand- und Fahrhöhe

Die **Standhöhe** ist der Zustand, in dem das System 0 Bar Betriebsdruck aufweist. In Szenekreisen nennt man diesen Zustand auch gerne mal „Abgelegt". Dies ist im legalen „Normalfall" die Höhe, wo das Fahrzeug den tiefstmöglichen Punkt erreicht hat. Dabei sind weiterer Auflagen wie die **Notlaufeigenschaft** und die korrekte **Höhe der Parklichter und Reflektoren** erfüllt.

Die Notlaufeigenschaft soll sicherstellen, dass im Falle eines technischen Defekts im Luftsystem das Fahrzeug problemlos und aus eigener Kraft sicher aus dem Gefahrenbereich (z. B. Autobahn, Kreuzung etc.) bewegt werden kann. Dazu werden nach §32d StVZO im Zuge dieser Änderungsabnahme die Kurvenlaufeigenschaften des Fahrzeugs im so genannten BOKraft-Kreis geprüft. BOKraft ist

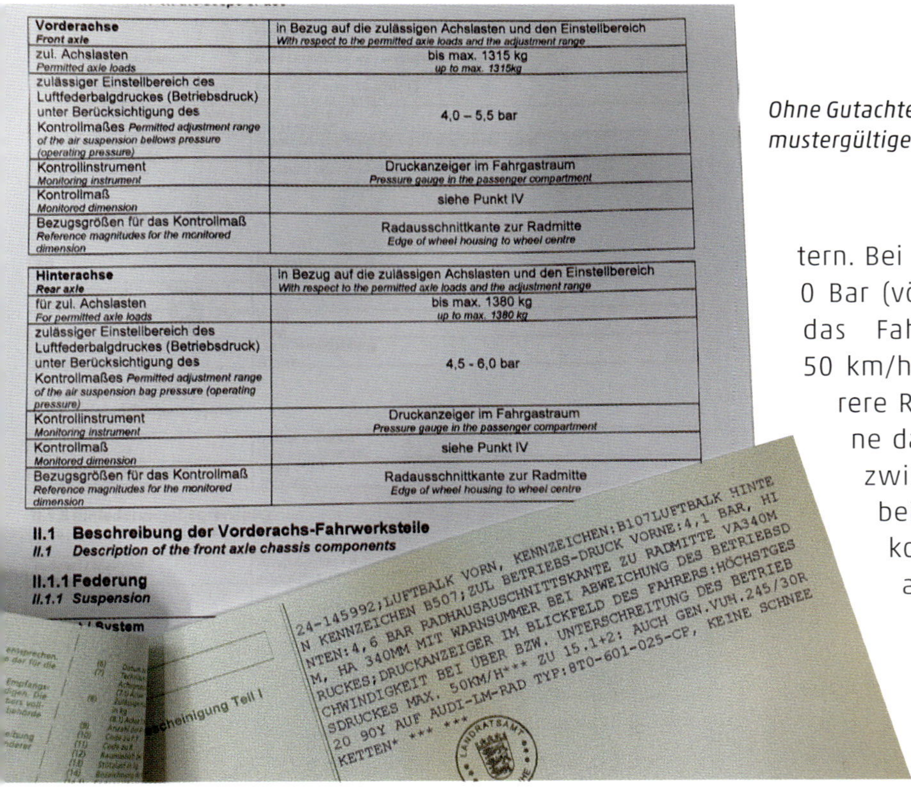

Vorderachse *Front axle*	in Bezug auf die zulässigen Achslasten und den Einstellbereich *With respect to the permitted axle loads and the adjustment range*
zul. Achslasten *Permitted axle loads*	bis max. 1315 kg *up to max. 1315kg*
zulässiger Einstellbereich des Luftfederbalgdruckes (Betriebsdruck) unter Berücksichtigung des Kontrollmaßes *Permitted adjustment range of the air suspension bellows pressure (operating pressure)*	4,0 – 5,5 bar
Kontrollinstrument *Monitoring instrument*	Druckanzeiger im Fahrgastraum *Pressure gauge in the passenger compartment*
Kontrollmaß *Monitored dimension*	siehe Punkt IV
Bezugsgrößen für das Kontrollmaß *Reference magnitudes for the monitored dimension*	Radausschnittkante zur Radmitte *Edge of wheel housing to wheel centre*

Hinterachse *Rear axle*	in Bezug auf die zulässigen Achslasten und den Einstellbereich *With respect to the permitted axle loads and the adjustment range*
für zul. Achslasten *For permitted axle loads*	bis max. 1380 kg *up to max. 1380 kg*
zulässiger Einstellbereich des Luftfederbalgdruckes (Betriebsdruck) unter Berücksichtigung des Kontrollmaßes *Permitted adjustment range of the air suspension bag pressure (operating pressure)*	4,5 - 6,0 bar
Kontrollinstrument *Monitoring instrument*	Druckanzeiger im Fahrgastraum *Pressure gauge in the passenger compartment*
Kontrollmaß *Monitored dimension*	siehe Punkt IV
Bezugsgrößen für das Kontrollmaß *Reference magnitudes for the monitored dimension*	Radausschnittkante zur Radmitte *Edge of wheel housing to wheel centre*

II.1 Beschreibung der Vorderachs-Fahrwerksteile
II.1 Description of the front axle chassis components

II.1.1 Federung
II.1.1 Suspension

24-145992;LUFTBALK VORN, KENNZEICHEN:B107LUFTBALK HINTE
N KENNZEICHEN B507;ZUL BETRIEBS-DRUCK VORNE:4,1 BAR, HI
NTEN:4,6 BAR RADHAUSAUSCHNITTSKANTE ZU RADMITTE VA340M
M, HA 340MM MIT WARNSUMMER BEI ABWEICHUNG DES BETRIEBSD
RUCKES;DRUCKANZEIGER IM BLICKFELD DES FAHRERS:HÖCHSTGES
CHWINDIGKEIT BEI ÜBER BZW. UNTERSCHREITUNG DES BETRIEB
SDRUCKES MAX. 50KM/H*** ZU 15.1+2: AUCH GEN.VUH.245/30R
20 90Y AUF AUDI-LM-RAD TYP:8T0-601-025-CP, KEINE SCHNEE
KETTEN* *** ***

Ohne Gutachten geht gar nichts: Hier eine mustergültige Eintragung.

Die Parkstellung: Im abgelassenen Zustand darf das Fahrzeug nicht auf dem Reifen aufliegen.

Die Fahrstellung: Auch in diesem Zustand darf der Reifen nicht an der Karosserie schleifen!

übrigens die Abkürzung für „Verordnung über den Betrieb von Kraftfahrunternehmen im Personenverkehr". Ein solcher BOKraft-Kreis befindet sich auf dem Prüfgelände und ist eine Kreisbahn mit einem Radius von 12,5 Metern. Bei einem Systemdruck von 0 Bar (völlige Entlüftung) muss das Fahrzeug mit maximal 50 km/h Geschwindigkeit mehrere Runden absolvieren, ohne dass es zu Schleifkontakt zwischen Rädern, Federbein und/oder der Karosse kommt. Alternativ kann auch ein schneller Slalom mit bis zu 50 km/h gefahren werden.

Die **Fahrhöhe** beschreibt den Zustand, in dem das Fahrzeug im Regelbedarf bewegt wird. Hier muss natürlich unter anderem auf die Mindestbodenfreiheit, die Lichtaustrittskante und die uneingeschränkte Freigängigkeit aller Bauteile (Reifen zu Kotflügel & Co.) geachtet werden.

Runde Sache: Auf einer genau definierten Kreisbahn kontrolliert der Prüfer, ob die Reifen genügend Freigang haben.

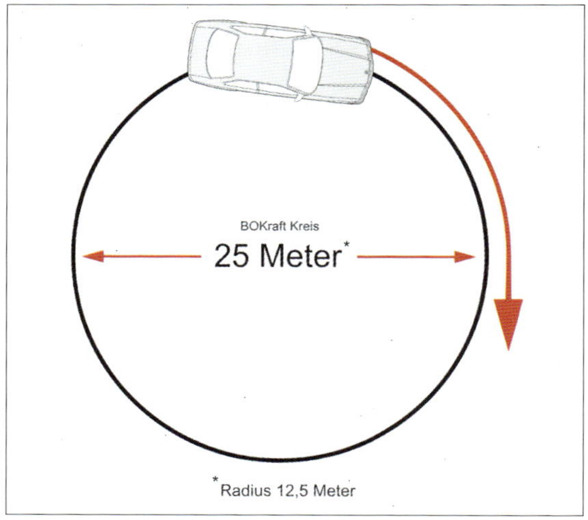

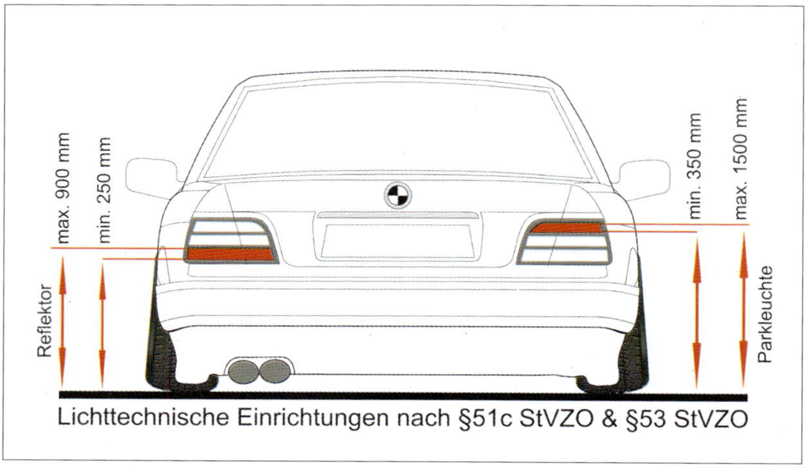

Alles eine Frage der Einstellung: In der niedrigsten Fahrstellung müssen die Beleuchtungsvorschriften und die Anforderungen an die Bodenfreiheit erfüllt sein.

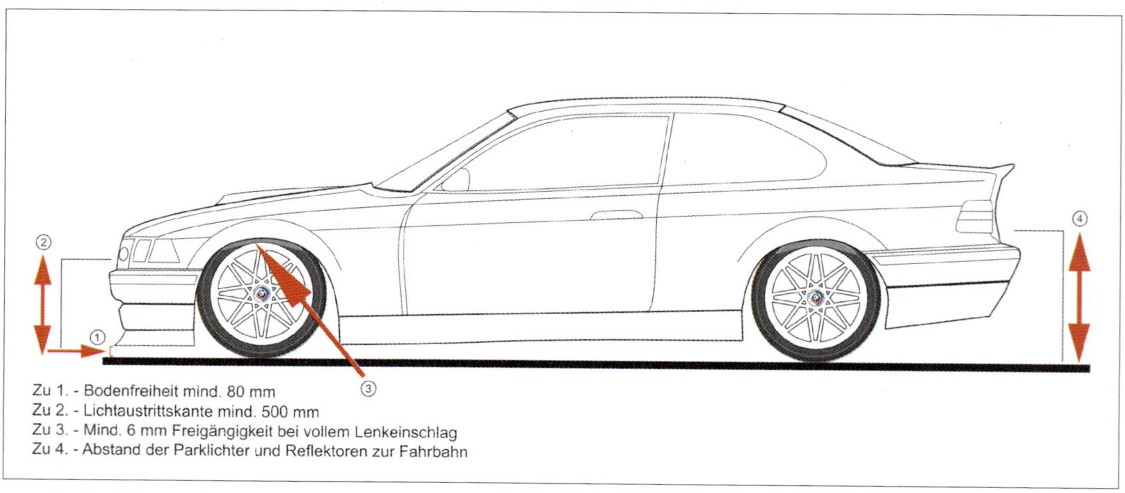

Checkliste für die Änderungsabnahme

- ✔ Mindestbodenfreiheit von 80 mm zu festen Fahrzeugteilen in Fahrhöhe
- ✔ Scheinwerfereinstellung prüfen **(Lichtaustrittskante)**
- ✔ Achsvermessung durchführen **(Prüfdokumente sind bei Prüfung vorzulegen)**
- ✔ Endanschläge müssen den Beschreibungen laut Gutachten entsprechen
- ✔ Freigängigkeit der Räder zum Federbein muss mind. 4 mm betragen. Ist das Abstandsmaß geringer, muss dieser Mindestabstand durch geeignete Maßnahmen hergestellt werden.
- ✔ Eine Höhenverstellung im Stand ist zulässig. Die für die Absicherung des Parkens vorgeschriebenen Einrichtungen entsprechen den Vorschriften der ECE R48 **(Höhe der Parklichter und Reflektoren)**.
- ✔ Es ist sichergestellt, dass der Fahrer über Abweichungen von den im Fahrzeugbetrieb zulässigen Niveaulagen informiert wird (akustische Warneinrichtung/Summer und Druckanzeiger). Druckanzeige im Sichtfeld (Mittelkonsole o. ä.) des Fahrers.
- ✔ Bei Fahrzeugen mit elektronischer Dämpferregelung (DCC) ist diese zu deaktivieren.
- ✔ Abstandsmaß von der Radhausausschnittkante zur Radmitte einhalten (siehe fahrzeugspezifisches Gutachten; bspw. VA 325 mm/HA 320 mm)
- ✔ Das Fahrzeug ist bei völliger Entlüftung des Federsystems noch lenkbar und mit max. 50 km/h fahrbar **(Notlaufeigenschaften)**.

So gerüstet sollte die Eintragung des Airride problemlos möglich sein. Ich möchte an dieser Stelle nochmals kurz auf das Thema der Eigenbauten eingehen. Grundsätzlich ist so ein Vorgehen machbar und laut VdTÜV Merkblatt 751 auch eintragungsfähig – wenn man Nachweise über die Traglast, die Festigkeit und ausreichende Prüfdokumente der verwendeten Bauteile vorlegen kann. Zudem sind einige umfangreiche Fahrversuche und Prüfungen nötig, die einen nicht zu unterschätzenden Zeit- und Kostenaufwand zur Folge haben: Aus wirtschaftlicher Sicht ein nicht lohnenswertes Unterfangen. Das Geld und die Zeit sind an anderer Stelle bei dem jeweiligen Projekt bestimmt besser investiert. Ich rate auf jeden Fall ganz klar von dem Versuch ab, sich ein Luftfahrwerk im „Baumarkt"-Stil zusammenzukaufen.

ANGZWFLT.

PRAXISTIPP

Zum Abschluss dieses Kapitels noch dieser Tipp: *§30 Abs. 1 und 2 StVZO besagt, dass in verkehrsüblichem Betrieb niemand durch das Fahrzeug gefährdet, behindert oder belästigt werden darf! Der unsachgemäße Einbau eines Fahrwerks stellt einen klaren Verstoß gegen diesen Paragraphen dar.*

MERCEDES
BENZ

RÄDER UND REIFEN

EINE RUNDE SACHE

Neben Fahrwerken gehören Felgen und Reifen wohl zu den beliebtesten Teilen in der Tuning-Szene. Ähnlich groß wie bei Fahrwerken sind die optische und technische Wirkung einer solchen Maßnahme: Ein größeres Rad füllt die Kotflügel besser aus und dank der breiteren Reifen kann mehr Motorleistung übertragen und die Straßenlage verbessert werden – und das alles bei relativ geringem Aufwand.

Und da sind wir schon mittendrin in der Klärung der Begrifflichkeiten: Wenn umgangssprachlich von einer „Felge" die Rede ist, geht es genau genommen um das „Rad". Nicht umsonst spricht man ja von der Rad-Reifen-Kombination. Im Folgenden bleiben wir zunächst einmal beim Begriff „Felge", wenn es um das runde Alu- oder Stahlteil geht, auf den der Reifen aufgezogen wird. Nachdem dies jetzt schon mal geklärt ist, kommen wir nun zu weiteren Fachbegriffen, von denen viele glauben, sie wüssten genau, was damit gemeint ist – dann schauen wir doch mal, ob es nicht noch spannende Facts gibt, die weniger bekannt sind …

Size matters: Auf diesem Chevrolet Silverado sitzen BiaForca-Räder von Forgiato Designs (Kalifornien). Das lieferbare Format variiert zwischen 19 und 34 Zoll.

Der Aufbau von Räder/Felgen

Um zu illustrieren, wie so eine Felge aufgebaut ist, dient die nebenstehende Grafik. Wahrscheinlich habt ihr den einen oder anderen Begriff schon mal gehört, aber hier

Ein Rad muss schon lange nicht mehr nur den Kontakt zur Straße halten – es darf dabei auch noch gut aussehen!

nochmal knackig-kurz die wichtigsten Definitionen.

Der **Felgendurchmesser** gibt stets die Größe (Durchmesser) der Felge an, und zwar in Zoll (1 Zoll = 2,54 cm). Die Bezeichnung 18" beschreibt also eine Felge mit gut 45 cm Durchmesser. Die **Felgenmaulweite** definiert die Breite der Felge. Gemessen wird hierbei der Innenstand zwischen den Felgenhörnern. Die Maulweite wird ebenso immer in Zoll angegeben.

Das **Felgenhorn** ist der äußere Rand einer Felge und leidet bekanntermaßen immer als erstes unter einem Bordsteinkontakt. Die so genannte **Felgenschulter** ist verantwortlich

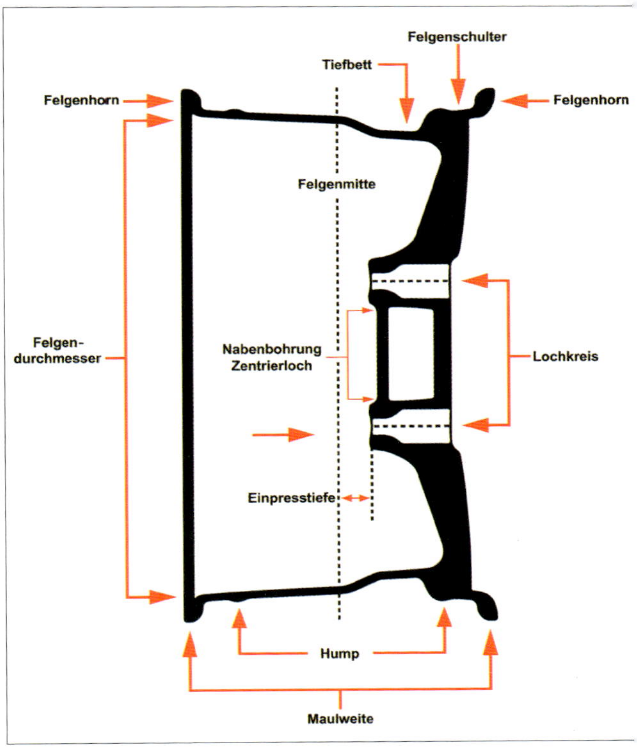

Etwas Fachkunde (Teil I): Aufbau einer Felge.

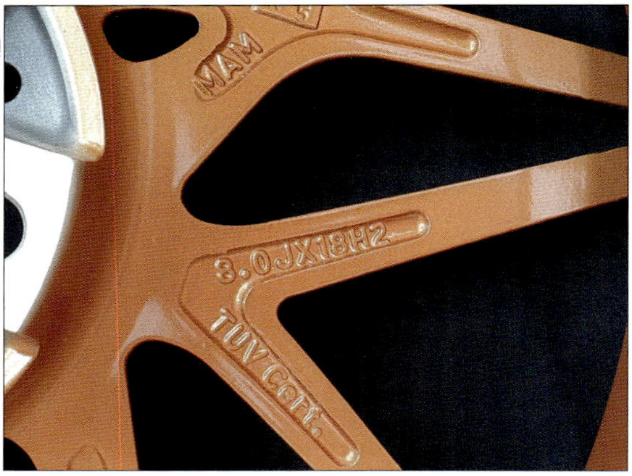

Wichtiges Maß: Der Lochkreis (LK) ist auch auf der Felge angegeben.

Passgenau: Falls die Nabenbohrung der Felge zu groß sein sollte, dienen Zentrierringe aus Kunststoff (Bild) oder Metall als Distanzstücke.

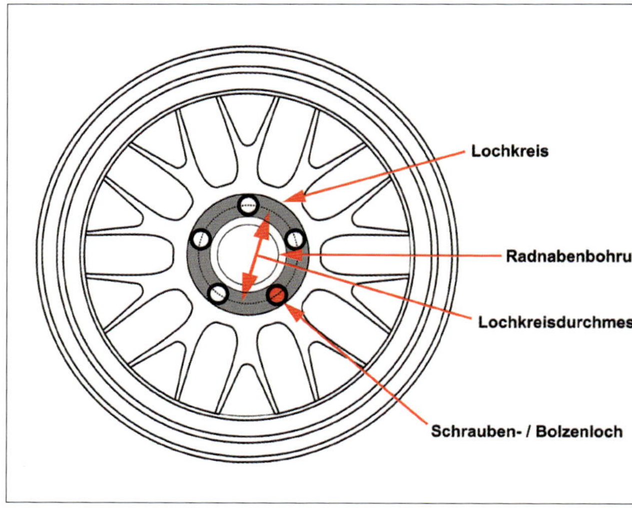

dafür, dass der Reifen sicher und fest auf der Felge sitzt. Als **Hump** bezeichnet man den Wulst, der sich am Felgenrand befindet und verhindern soll, dass der Reifen bei rasanten Kurvenfahrten in das Felgenbett rutscht.

Die **Nabenbohrung** (Zentrierloch) bezeichnet den Mittellochdurchmesser der Felge. Der Durchmesser dieses Mittellochs kann aber unter Umständen auch größer sein als der Zentrierdurchmesser der jeweiligen Radnabe – in solchen Fällen hilft ein auf das Fahrzeug passender Zentrierring. Räderhersteller versehen ihre Produkte häufig mit einer relativ großen Nabenbohrung, damit die Felge auf möglichst vielen verschiedenen Fahrzeugmodellen montiert werden kann. Auf jeden Fall muss der **Lochkreis** stimmen: Darunter versteht man den Durchmesser des Kreises, auf dem die Mittelpunkte der Befestigungslöcher liegen. Angegeben wird der Lochkreis immer in Millimeter. Der BMW E36 hat beispielsweise eine Lochkreisangabe von LK 5x120: Dieser Lochkreis hat 120 mm Durchmesser und 5 Löcher. Die Angabe ist für den Felgenkauf unerlässlich, zusammen mit der Ausführung der Bolzenlöcher (Kegelbund- oder Kugelbundschraube).

Die meisten Pkw verfügen über drei bis sechs Bolzenlöcher oder Stehbolzen auf der Radnabe. Für Motorsportzwecke greift man oft zu Konstruktionen mit nur einer großen Radmutter in der Mitte des Rades (Zentralverschluss).

Ein **Zentralverschluss** (auch Centerlock genannt) verleiht eurem Auto eine sportlichere Optik. Ursprünglich stammt die Technik,

Generell ist ein nachgerüsteter Zentralverschluss nicht eintragungsfähig. Es gibt nur wenige Sportwagenhersteller, bei denen ein solches Befestigungssystem bereits direkt bei der Typzulassung abgenommen wurde.

das Rad mit nur einer zentralen Mutter zu befestigen, aus dem Motorsport. Schlechte Nachricht: Zur Zeit gibt es keine eintragungsfähigen Adaptersätze von der normalen Schraubbefestigung eines Rades auf Zentralverschluss. Gute Nachricht: Wer nicht auf dieses Optik-Feature verzichten möchte, kann sich Zentralverschluss-Attrappen besorgen. Beim Kauf dieser aus Alu gefertigten Teile muss auf eine entsprechende Eignung der Felgen geachtet werden. Außerdem sollte eine diebstahlsichere Befestigung gewährleitet sein. Da es sich bei einer solchen Attrappe um keine funktionelle Komponente handelt, ist eine Eintragung auch nicht notwendig oder vorgeschrieben.

Ein anderes wichtiges Thema ist die **Einpresstiefe (ET)**. Diese ist maßgeblich dafür verantwortlich, wie weit das Rad nach innen oder außen steht. Die Einpresstiefe beeinflusst nämlich die Spurbreite eines Fahrzeugs und wird von der Felge vorgegeben. Zu beachten gilt hier, dass sich nicht jede Felge mit

Motorsport-Feeling: Ein Zentralverschluss erfordert Spezialwerkzeug für die Zentralmutter. Und viel Drehmoment im Arm …

beliebiger ET an jedem Fahrzeug montieren lässt. Die Einpresstiefe definiert den Abstand zwischen der Felgenmitte und der inneren Auflagefläche des Radflansches. Sie hat nichts mit der Felgenbreite zu tun. Die ET bestimmt, wie tief eine

Passt nur auf die Tomason TN21: Nabenkappe in Zentralverschluss-Optik aus Aluminium mit Tomason-Emblem.

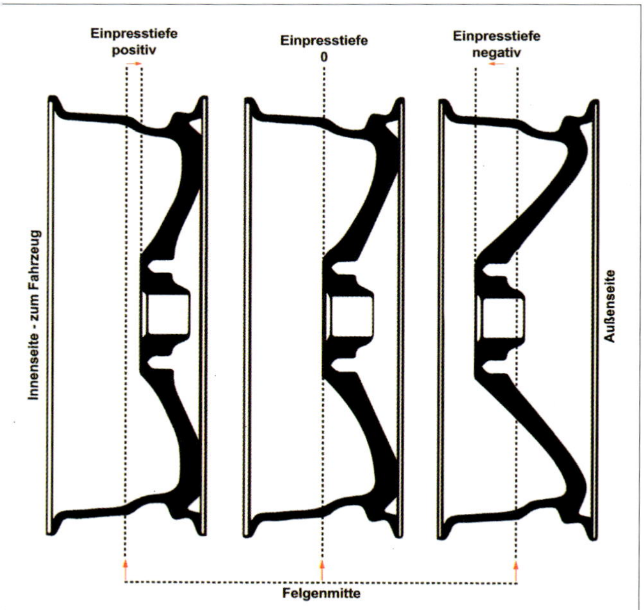

Etwas Fachkunde (Teil II): Die Einpresstiefe einer Felge misst man von der Auflagefläche der Felge auf der Nabe bis zur Radmittellinie. Eine Einpresstiefe von minus 50 Millimetern bedeutet, dass die Reifenmitte gegenüber der Felgenauflagefläche um diese 50 Millimeter zur Fahrzeugmitte hin verschoben ist.

Felge im Radkasten sitzt und wird in Millimeter angegeben: Die Felgenbezeichnung 8J x 18 H2 **ET 35** verweist zum Beispiel auf eine Einpresstiefe von +35 mm. Bei einer **positiven** Einpresstiefe, ist die Auflagefläche gegenüber der Felgenmitte nach außen verschoben und die Felge sitzt tiefer im Radhaus. Bei einer **negativen** ET ist es genau umgekehrt. Befindet sich die Felgenmitte genau auf Höhe der Auflagefläche von Flansch und Radnabe, beträgt die ET 0.

Die **Spurbreite** eines Fahrzeugs wird von Radmitte zu Radmitte gemessen. Sie kann durch die Felgenbreite und/oder durch die Einpresstiefe verändert werden. Eine größere Spurbreite bis zu einem gewissen Maß führt zu einer besseren Kurvenlage. Eine zu große Spurbreite vergrößert jedoch auch die Hebelkräfte auf Achsen und Lenkung zu sehr. Dies hat zur Folge, dass sich die Fahreigenschaften verschlechtern und mit erhöhtem Verschleiß zu rechnen ist. Durch die Verringerung der ET wird der Lenkrollhalbmesser positiver, wodurch die Rückstellmomente der Lenkung verringert werden. Gerät das Fahrzeug mit einer Seite auf einen unbefestigten Randstreifen, wird es im Normalfall bei dem originalen, negativ ausgelegten Lenkrollhalbmesser zurück auf die Fahrbahn ziehen. Bei einem aufgrund geringerer ET positiveren Lenkrollhalbmesser giert das Fahrzeug aber zunehmen in Richtung des Seitenstreifens.

Über Angaben zur Einpresstiefe gibt das mitgelieferten Teilegutachten oder die ABE Auskunft. Ausgehend vom breitesten Serienzustand darf die Spur maximal 2 % breiter sein (siehe auch TÜV-Merkblatt 751). Wird diese Grenze durch die Spurverbreiterung überschritten, muss durch ein Dauerfestigkeitsgutachten nachgewiesen werden, dass die wichtigen Karosserieteile die höheren Belastungen aufnehmen können.

ANGZWELT.
PRAXISTIPP

Eine falsche oder nicht zulässige Einpresstiefe kann sowohl den Fahrkomfort als auch die Sicherheit eines Fahrzeugs negativ beeinträchtigen und zum Erlöschen der Betriebserlaubnis führen. Jedes Fahrzeug verfügt herstellerseitig über genaue Angaben zur zulässigen Einpresstiefe.

Frage: „Wie viel Tiefbett möchten Sie denn?" Antwort des Tuners: „JA!"

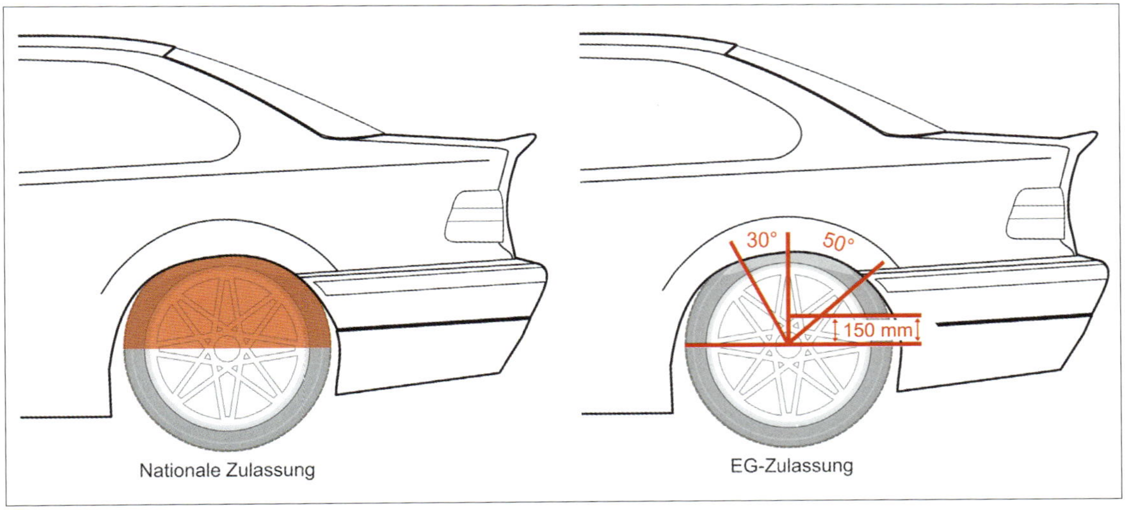

Mythos „Radabdeckung": Hier gibt es oft Missverständnisse, denn es gibt nicht nur eine Regelung.

Was genau passiert im Radkasten, wenn wir eine **zu geringe ET** fahren? In Verbindung mit Veränderungen der ET ist dringend anzuraten, dass für eine ausreichende Radabdeckung gesorgt wird. Je geringer die Einpresstiefe ist, desto weiter außen steht das Rad. Trotz gleichbleibender Felgenbreite kann also der Fall eintreten, dass der Reifen außen am Radhaus/Kotflügel schleift. Eine Verbreiterung des Kotflügels kann hier Abhilfe schaffen.

Es sollte stets darauf geachtet werden, dass Vorder- und Hinterachse im selben Verhältnis verbreitert werden, da es sonst schnell zu einem unkontrollierbaren Über- oder Untersteuern des Fahrzeugs kommen kann. Eine Eintragung der Felgen/Räder ist unter solchen Umständen natürlich auch nicht möglich.

Was passiert im umgekehrten Fall, wenn eine **zu große ET** gewählt wird? Der Reifen schleift dann innen am Radhaus und die Freigängigkeit der Bremsen kann eingeschränkt sein. Bei einem solchen Szenario lässt sich mit Distanzscheiben leicht Abhilfe schaffen. Hierbei ist darauf zu achten, dass zur Befestigung des Rades längere Schrauben notwendig sind, deren Gesamtlänge die Dicke der Distanzscheibe berücksichtigt. Zudem müssen die Distanzscheiben über ein Teilegutachten verfügen. Wie bereits erwähnt, darf die Spur nur mit expliziter Freigabe über besagte 2-%-Grenze hinaus verbreitert werden.

Wenn Tuner sich über Felgen unterhalten, hört man immer wieder etwas vom **Tiefbett** und dass dieses nicht breit genug sein kann. Grundsätzlich verfügt jedes Rad über ein Tiefbett, dessen besondere Form dafür zuständig ist, dass wir problemlos und sicher schlauchlose Reifen montieren können. Auf einer oder beiden Felgenschultern befindet sich der Hump. Dieser wirkt dem Eindrücken der Reifenwulst in das Tiefbett entgegen und sorgt so für einen sicheren Sitz des Reifens auf der Felge.

Die Felgenkennzeichnung

Die Informationen zum Aufbau einer Felge werden als alphanumerische Zeichenkombination in der Felgenbezeichnung zusammengeführt. So ist jede Felge technisch eindeutig identifizierbar. Als Beispiel dient hier eine Felge:

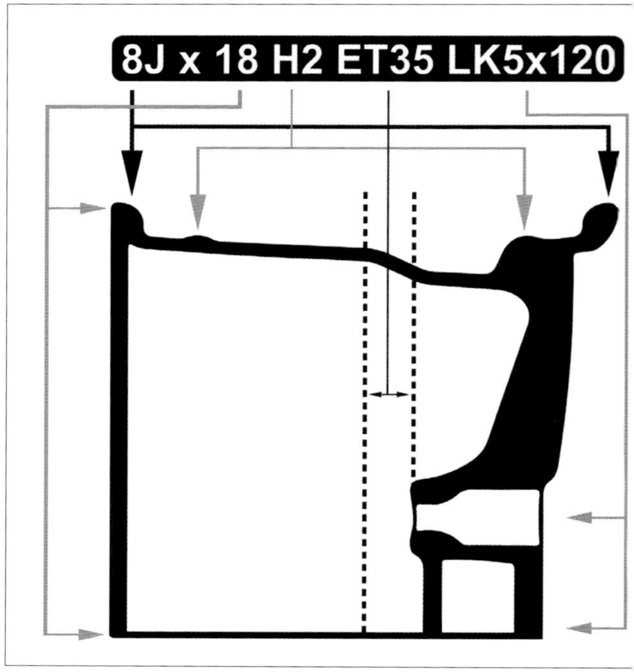

8J x 18 H2 ET35 LK5x120

8: gibt die Maulweite oder auch Felgenbreite an, hier 8 Zoll.

J: beschreibt die Form des Felgenhorns

x: kennzeichnet eine Tiefbettfelge, hier können schlauchlose Reifen montieren werden

18: Felgendurchmesser beträgt 18 Zoll

H2: Felge verfügt auf beiden Seiten über einen Hump (verhindert Abrutschen des Reifens auf das Felgenbett)

ET: Einpresstiefe beträgt 35 mm

LK5x120: Lochkreis mit 5 Schrauben, Durchmesser 120 mm

Stahl oder Alu?

Der Zubehörmarkt wird dominiert von Aluminiumfelgen in gefühlt allen Größen, Formen und Farben. Neben dem optischen Reiz, bieten Alufelgen aber auch technische Vorzüge. Der größte Vorteil: das niedrige Gewicht im Vergleich zu einer Stahlfelge. Damit werden die ungefederten Massen verringert, mit dem

Umgeschweißte Stahlfelgen sehen cool aus – und sind absolut verboten.

Teure Rarität: Als – wie man selbst sagt – weltweit erster Fahrzeughersteller bot Porsche im Jahr 2017 Leichtbauräder mit geflochtenen Carbonfasern an. Dabei wird der Radstern in das Felgenbett eingeflochten. (Auf-)Preis für die Optionsräder: gut 15.200 Euro.

positiven Nebeneffekt, dass gleichzeitig der Verschleiß der Radaufhängung und der Stoßdämpfer vermindert wird. Das geringere Gewicht verbessert die Beschleunigung und Verzögerung. Eine Kraftstoffersparnis von bis zu 2,5 % kann ebenfalls der Gewichtsersparnis zugeschrieben werden. Außerdem sorgen die besseren Rundlaufeigenschaften einer Alufelge für einen gesteigerten Fahrkomfort.

Stahlräder haben in der Tuning-Szene aber auch durchaus ihre Daseinsberechtigung. So genannte „Ratten" (auch als Ratlook oder Ratstyle bekannt) sind grundsätzlich immer mit Stahlrädern ausgestattet, was keinesfalls verwerflich ist und perfekt zum Designkonzept dieser Fahrzeuge passt. **Lebensgefährlich und absolut unzulässig** wird es jedoch dann, wenn Stahlfelgen bearbeitet werden, indem man sie der Länge nach aufschneidet, um sie zu verbreitern oder ein extremes Tiefbett einzuschweißen.

Guss-, Flow-Forged- oder Schmiederad?

Immer wieder ist Rede von einem Guss- oder Schmiederad. Wie die Bezeichnung schon vermuten lässt, geht es dabei um die Fertigungsweise der Räder. Also: gegossen, gewalzt oder geschmiedet – was darf es sein? Eine Frage, die für viele ein wichtiges Kriterium bei der Kaufentscheidung ist. Wir werden uns nun etwas näher mit den gängigsten am Markt vertretenen Varianten beschäftigen, nämlich dem Gussrad, Flow-Forming-Rad und dem Schmiederad. Natürlich gibt es daneben noch weitere Bauarten, wie z. B. Magnesium-, 3D-Druck- und CFK-Räder, wobei diese Vertreter bislang noch eher selten anzutreffen sind.

Das **Gussrad** bringt das meiste Gewicht auf die Waage, zählt dafür aber auch zur Kategorie der eher preisgünstigen Räder. Im Gegensatz dazu sind Räder, die im **Flow-Forming**-Verfahren produziert werden, deutlich leichter, belasten dabei trotzdem das Budget nicht übermäßig. Das Schmiederad ist die noch leichtere Variante, wird daher bevorzugt im Motorsport eingesetzt und ist aufgrund des Produktionsverfahrens preislich mit den vorherigen beiden nicht vergleichbar. Prinzipiell lässt sich jedoch sagen, dass ein sehr hoher

Gewichtsanteil des Rades durch das Design bestimmt wird. Wer aufwändiges Design sät, wird Gewicht ernten ...

Schauen wir uns den Produktionsprozess bei einem klassischen Gussrad mal etwas genauer an. Im so genannten Niederdruckgussverfahren wird das flüssige Aluminium mittels Gas unter Druck gesetzt und so durch ein Steigrohr in die Gießform des Rades gedrückt. Die Kokille ist dabei so positioniert, dass das Rad mit der Speiche nach unten gerichtet ist. Der Anguss findet über die Radnabe statt. Von dort aus verteilt sich das Aluminium durch die Speichen in die Felgenform. Während des

Die Vossen CVT Flat Face erfordert vier Formen für die Herstellung, anstatt der typischen ein bis zwei Formen für Standard-Gussräder. Die Räder werden auf Fahrer- und Beifahrerseite fahrtrichtungsgebunden montiert.

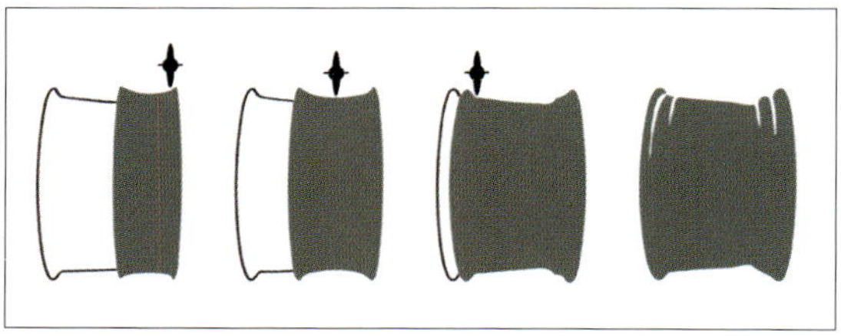

Druckvolle Angelegenheit: das Flow-Forming-Verfahren.

Übergangs vom flüssigen in den Festzustand, schwindet das Material infolge der Abkühlung. Um diesen Schwund auszugleichen, wird der Gasdruck aufrechterhalten und so weitere Schmelze in die Form gedrückt. Dies ist möglich, da die Erstarrung am Innenhorn startet und in der Radnabe endet. Das stellt besondere Anforderungen an Auslegung und Gestaltung des Designs und natürlich an die Fertigungswerkzeuge, denn die Erstarrung während des Produktionsvorgangs muss hier bereits im Vorfeld berücksichtigt werden. Alle gegossenen Felgenrohlinge werden im Anschluss in vollautomatischen Röntgenanlagen auf Schäden, Einschlüsse und Risse geprüft, bevor sie in der mechanischen Bearbeitung abgedreht und gebohrt werden.

Möchte man noch nicht in teure Schmiederäder investieren, legt jedoch Wert auf ein gewisses Maß an Leichtbau, sind die so genannten **Flow Forged** Wheels die richtige Wahl. Diese werden während ihrer Produktion dem **Flow-Forming**-Verfahren unterzogen. Dabei wird zunächst ein Rad gegossen, das in Bezug auf die Speichen und Radnabe denselben Anforderungen wie ein herkömmliches Gussrad entspricht. Allerdings wird im Unterschied zum Gussrad hier nur bis ins Tiefbett gegossen. Dort befindet sich dann eine Materialanhäufung, die im späteren Verlauf genutzt wird, um das Felgenbett und das Innenhorn herzustellen. Dies geschieht, indem das erhitzte Rad über einen Topf – die Matrize – gestülpt und die Materialanhäufung mit hohem Druck darauf ausgewalzt wird. Durch die Umformung des Aluminiums wird das Materialgefüge gerichtet: Dadurch kann es höheren Spannungen standhalten als regulär gegossenes Aluminium. Vorteil dabei: Wenn das Material mehr Spannung aushalten kann, wird deutlich weniger davon benötigt – daher können die Felgen dünner abgedreht werden, wodurch der Gewichtsvorteil entsteht.

Die Königsklasse ist besetzt von den **Schmiederädern**. Wenn man im Bereich der Radherstellung von „schmieden" spricht, ist das jedoch etwas anderes, als das, was man landläufig darunter versteht. Es steht natürlich niemand mit einem schweren Hammer und einem Klotz Aluminium am Amboss, um daraus eine Felge zu formen. Vielmehr wird Vollmaterial aus einer eigens für den Schmiedevorgang entwickelten Speziallegierung in mehreren Schritten umgeformt und in die Radform gepresst. Um das Felgenbett zu formen, wird das Material – wie beim Flow-Forming – auf 320° bis 350° Celsius erhitzt und dann unter starkem Druck auf einer, dem Felgenbett entsprechenden Matrize gewalzt. Während des gesamten Prozesses bleibt das Aluminium im festen Zustand. Abweichend zum Flow-Forming erhält hier jedoch nicht nur ein Teil der Felge eine höhere Festigkeit, sondern ebenso die Speiche, das Außenhorn und die Radnabe. Dementsprechend wird in all diesen Bereichen weniger Material benötigt, um die Spannungen aufzunehmen.

Prinzipiell gibt es zwei Vorgehensweisen beim Herstellen von Schmiederädern: Beim endkonturnahen Schmieden ist die Speiche schon fast vollständig geschmiedet und erfordert nur wenig mechanische Bearbeitung. Die zweite Variante bezieht sich auf eine vollständige Fertigung der Speiche durch eine Fräs- und Drehbearbeitung. Man kann sich das so vorstellen, dass der Schmiederohling wie ein Topf aussieht und die Speiche im Anschluss aus dem Topfboden ausgefräst wird. Der unbearbeitete Rohling bringt dabei das Vier- bis Fünffache der fertigen Felge auf die Waage. Es muss also jede Menge Material zerspant werden.

Der aufwändige Herstellungsprozess zahlt sich aus: Gegenüber Guss- oder Flow-Forming-Rädern kann aufgrund der hohen Festigkeit das geschmiedete Leichtmetallrad deutlich leichter und filigraner ausgestaltet werden.

Schmiedeprozess einer Fuchs-Felge: Der Rohling wird zunächst mit einer 4000-Tonnen-Presse vorgeschmiedet. Im weiteren Fertigungsprozess entsteht mittels Fließdrückens das Felgenbett. Am Schluss wird der Rohling zerspanend bearbeitet.

ANGEWELT.

PRAXISTIPP

***Masse ist nicht Klasse:** Größere Räder sehen gut aus, wer es aber übertreibt, verliert aufgrund des höheren Gewichts an Leistung. Dasselbe gilt für die Reifenbreite: Breitere Reifen sorgen für mehr Haftung, erhöhen aber auch die Masse des Rades.*
Generell gilt beim Tuning: Gewicht sparen, wo es nur geht. Das betrifft nicht nur die ungefederten Massen, sondern auch rotierende Massen vom Antriebsstrang (Motorschwungrad, Antriebswellen, etc.) oder nutzlose Fracht im Kofferraum.
Merke: Je leichter das Fahrzeug, desto mehr Fahrspaß!

Die Veredelung von Rädern

Manche mögen's edel – auch bei Rädern. Nicht nur bei Tuning-Fans liegen hochglänzende, frontpolierte oder mehrfarbige Räder voll im Trend. Wir stellen die gängigsten Techniken vor, die aus einer hochwertigen Felge ein ganz außergewöhnliches Rad machen.

Erlaubt: Ein schönes Beispiel für eine gelungene Hochglanzpolitur.

Pulverbeschichten

Ganz großer Veredelungs-Trend: Pulverbeschichten. Neben dem optischen Effekt, wird die Widerstandfähigkeit der Räder gegen Verschmutzung (Bremsstaub, etc.) verbessert. Eine Pulverbeschichtung kann aber generell auf nahezu allen elektrisch leitfähigen Werkstoffen wie Fahrzeugrahmen, Fahrwerksteile, Anbauteile usw. aufgebracht werden. Dazu werden die Bauteiloberflächen erst chemisch entlackt, gereinigt und durch ein Strahlverfahren (Sand- oder Glasperlen) aufgeraut.

Die Beschichtung selbst geschieht mittels einer speziellen Sprühpistole, an deren Spitze die Lackpartikel durch eine Elektrode mit Hochspannung aufgeladen werden. Die zu besprühende Oberfläche ist geerdet und dank der elektrostatischen Aufladung haften die Partikel am Werkstück.

ANGEWELT.

PRAXISTIPP

***WICHTIG:** Beim Pulverbeschichten muss dringend darauf geachtet werden, dass die Auflageflächen der Radschrauben sowie der Flansch der Radnabe nicht beschichtet werden, da dies durch den Materialauftrag zu einer Unwucht führen kann. Radnabenauflagen vor jeder Montage der Felge zusätzlich reinigen. Die Kennzeichnung der Felge muss auch nach der Pulverbeschichtung lesbar bleiben.*

In der Regel sind drei Beschichtungsgänge (Grundierung, Farblack, Klarlack) erforderlich. Nach jedem Durchgang müssen in unserem Fall die Felgen bei ca. 200° Celsius in den Ofen, damit die Polyesterharz-Partikel eine feste Oberfläche bilden können.

Trendig: Farbauftrag durch Pulerbeschichtung. Auf den Wärmeeintrag achten!

ANGZWFLT.
PRAXISTIPP

***Das sagt der TÜV:** Aktuell sind nur Pulverbeschichtungen zulässig, die mit maximalen Temperaturen von 90° Celsius über maximal 40 Minuten Einwirkzeit arbeiten! Der Nachweis erfolgt hier über das Qualitäts-Sicherungs-System des Dienstleisters.*

Frontpolieren/Glanzdrehen

Frontpolieren und Glanzdrehen sind zwei Ausdrücke für die gleiche Veredelungstechnik. Basis ist immer ein „farbig" lackiertes Rad. Durch das Abdrehen der Felgenaußenseite wird die vorhandene Farbe mittels eines Diamantwerkzeuges an vorher bestimmten Stellen entfernt und das blanke Aluminium kommt zum Vorschein. Zuletzt erhält das Rad eine schützende Klarlack-Schicht. Dieses Verfahren wird unter Fachleuten auch „Diamond Cut" genannt. Durch den starken Kontrast zwischen dem blanken Metall und der Grundfarbe, kommt das Design des Rades ganz besonders zur Geltung. Manchmal wird am Ende des Prozesses auch eingefärbter Klarlack auf die blank polierten Stellen aufgetragen. Das resultiert dann in einer metallisch schimmernden Akzentuierung in Rot, Blau oder jeder anderen gewünschten Farbe.

ANGZWFLT.
PRAXISTIPP

***Das sagt der TÜV:** Frontpolierte Räder sind je nach Ausarbeitung der Glanzdrehung nicht uneingeschränkt winterfest und somit nicht zulässig!*

Keramikpolieren/Hochglanzverdichten

Unter Keramikpolieren bzw. Hochglanzverdichten (manchmal auch Gleitschleifen genannt) versteht man folgendes Verfahren: Das Rad wird in eine Lösung mit keramischen Schleifkörpern (so genannte Chips) „eingetaucht" und der Behälter dann durch Vibration in Bewegung gesetzt. Dieser Vorgang wird mit unterschiedlichen Chips über viele Stunden (manchmal bis zu einem Tag) wiederholt, bis die Oberfläche poliert und gleichzeitig geglättet ist.

Bei glanzpolierten Rädern sorgt eine Klarlackschicht für die erforderliche Wintertauglichkeit.

ANGEZWELT.
PRAXISTIPP

Das sagt der TÜV: *So schön das Endergebnis auch ist und die Felgen alle Blicke auf sich ziehen: Eine solche Behandlung ist generell nicht zulässig, da keine Aussage über die Beeinflussung der Radfestigkeit gegeben werden kann.*
Prinzipiell muss man immer schauen, ob aufgrund von Wärmeeintrag, Materialabtrag und Gefügeveränderung das vorhandene Gutachten nicht mehr mit zu Rate gezogen werden kann und ein neues Gutachten erforderlich ist.

Zwei-Farben-Lackierung

In einem ersten Schritt wird die Stirnfläche der Felge abgedreht. Dann wird das Rad komplett in einer Farbe, zum Beispiel Weiß, lackiert und danach schwarz überlackiert. Schließlich wird das Rad in bestimmten Bereichen erneut so abgedreht, dass lediglich dort die schwarze Farbschicht entfernt wird. Auch hierbei entsteht – ähnlich wie beim Frontpolieren – ein sehr starker Kontrast zwischen den verschiedenen Bereichen der Felge. Die Herstellung solcher Räder ist fertigungstechnisch anspruchsvoll.

ANGEZWELT.
PRAXISTIPP

Thema Alufelgen-Reparatur: *Grundsätzlich sind jegliche Reparatur- oder Instandsetzungsarbeiten (Auftragsschweißen, spanabhebende Bearbeitung) an einem Rad verboten. Im Gegensatz zu einer Felgeninstandsetzung ist eine Felgenaufbereitung hingegen erlaubt: Hier werden optische Schäden beseitigt, die maximal 1 mm tief und maximal 50 mm vom Rand entfernt sind. Ziel ist durch eine Neulackierung die Korrosionsbeständigkeit zu erhalten/bzw. wiederherzustellen.*
Leider hat es der Sonderausschuss „Räder und Reifen" des Fachausschusses Kraftfahrzeugtechnik (FKT) im Bundesverkehrsministerium noch nicht geschafft, sich auf mögliche Richtlinien für eine Instandsetzung zu einigen. Der bisher ausgearbeitete „Alufelgen-Grenzwertkatalog zur Radaufbereitung" zeigt auf, bei welchen Beschädigungen eine Aufarbeitung zugelassen und bei welchen das Aufarbeiten nicht zulässig ist.

Viel Aufwand für ein tolles Ergebnis: Zweifarbige Lackierung bei einer BMW-Felge.

Die Eintragungsfähigkeit von Rädern

Vermutlich könnt ihr es euch denken, dass es besonders für Räder ganz akribische Prüfverfahren gibt, um eine entsprechende Eignung nachzuweisen. Räder müssen bei allen erdenklichen Geschwindigkeiten die gesamte

Masse des Fahrzeugs tragen. Bei diesen „Car Parts" darf nicht an Qualität und Material gespart werden.

Das Prüfverfahren

Die Einhaltung höchster Qualitätsstandards hat für die meisten Räderhersteller oberste Priorität. Diese werden durch eine Vielzahl kompromissloser Prüfungen garantiert. Qualitätsfelgen-Hersteller verfügen in der Regel über eigene, umfangreiche Test- und Prüfeinrichtungen. Die fertigen Räder werden noch vor der Serienproduktionsfreigabe von einem unabhängigen Institut geprüft. Auf Basis dieser externen Prüfung wird dann die Allgemeine Betriebserlaubnis (ABE), Teilegutachten oder das ECE-Prüfzeichen von einer offiziellen Prüforganisation (TÜV usw.) erteilt.

Bei der Biegeumlaufprüfung muss das Testrad über 250.000 Lastwechsel – einer Sequenz von Beschleunigung und Abbremsen – überstehen. Beim Zwarp-Test werden 300.000 Straßenkilometer mit unterschiedlichen Fahrbahnbeschaffenheiten simuliert. Zusätzlich wird beim Impact-Test die Festigkeit des Felgenhumps geprüft.

Die Wintertauglichkeit bestätigt der CASS-Test. Hier wird die Felge mit vorgeschädigter Lackierung in einer Salzlauge auf Widerstandsfähigkeit gegenüber Umwelteinflüssen wie Streusalz geprüft. Durch diese Erkenntnisse können auch die Hersteller Beschichtungsverfahren ständig optimieren.

Wenn all diese Prüfungen mit dem Nachweis der gleichbleibenden Qualität während der Produktion erfolgreich bestanden wurden und der Hersteller bzw. Importeur über ein Qualitätsmanagementsystem verfügt, gibt es den Stempel der Prüforganisation und die Serienproduktion kann bedenkenlos beginnen.

Warum werden aber genau diese Tests gemacht? Die notwendigen Prüfungen finden sich im VdTÜV Merkblatt 751 sowie der Richtlinie zur Prüfung von Sonderrädern. Hier ist einheitlich festgelegt, dass das Rad mit diesen Prüfungen nachweisen kann, dass es den Anforderungen des deutschen Straßenverkehrs gewachsen ist.

Schon im eigenen Interesse sollte man nur geprüfte und freigegebene Räder montieren.

ANGZWFLT.

Eine Top-Platzierung im Show&Shine-Contest beeindruckt den Prüfer leider gar nicht – einzig die richtigen Papiere zählen.

ANGZWFLT.

PRAXISTIPP

***Das sagt der TÜV:** In den Zulassungsunterlagen (COC) des Fahrzeugs sind freigegebene Rad-Reifen-Kombinationen aufgeführt. Ein Wechsel auf eine solche Kombination bedarf keiner Prüfung oder Änderungsabnahme. Dies gilt allerdings nur für die Originalräder des Herstellers.*

Für alle Reifen und Räder, auch gleicher Größe, die nicht in der Fahrzeug-Betriebserlaubnis erfasst sind, gibt es freigegebene Alternativen mit ABE, Teilegutachten oder ECE-Genehmigung. Diese sind nach einer erfolgreichen Anbauabnahme nach §19(3) StVZO und einer folgenden Eintragung in die Fahrzeugpapiere problemlos verwendbar.

Dokumenten-Quicky – die glorreichen 3

Im ersten Kapitel haben wir ja die unterschiedlichen Dokumente bereits ausführlich erklärt, darum hier noch mal im Schnelldurchlauf:

- **Teilegutachten (TGA) nach §19(3) StVZO**
- **Allgemeine Betriebserlaubnis (ABE)**
- **ECE-Betriebserlaubnis (ECE)**

Felgen mit Teilegutachten (TGA) § 19 (3) StVZO

Das Teilegutachten § 19 (3) StVZO enthält die Anweisungen zum Anbau von Tuning-Teilen und stellt sicher, dass die Montage sachgerecht erfolgt. Bezogen auf Felgen heißt das: In dem Teilegutachten werden zum Beispiel Rad-Reifen-Kombinationen sowie Einpresstiefen vorgegeben, die unbedingt einzuhalten sind. Ein amtlich anerkannter Sachver-

Bereits vor dem Kauf sollte man die Hinweise des Herstellers genau anschauen, ...

ständiger oder Prüfingenieur überprüft den Anbau und stellt sicher, dass die Kombination aus Gutachten, Felge (ggf. Fahrwerk) und Fahrzeugtyp auch zulässig ist. Nach erfolgter Anbaubescheinigung nach §19(3) StVZO könnt ihr dann direkt bei der Zulassungsstelle die Eintragung in die Fahrzeugpapiere vornehmen lassen. Oftmals reicht es bei dieser Form der Abnahme auch einfach die Papiere mitzuführen. Ob eine unverzügliche Eintragung in den Fahrzeugschein notwendig ist, wird immer auf dem Abnahmegutachten vermerkt.

Felgen mit einer Allgemeinen Betriebserlaubnis (ABE)

Die Allgemeine Betriebserlaubnis (ABE) wird mitgeliefert, wenn Umbauten weniger umfangreich sind und bei Einhaltung aller Auflagen keine Eintragung in die Fahrzeugpapiere notwendig ist.

Die Allgemeine Betriebserlaubnis gibt es in zwei Varianten: mit und ohne Auflage „A01". Bei der Ausführung mit A01 ist eine so genannte Änderungsabnahme nach §19(3) StVZO erforderlich. Eine Eintragung in die Fahrzeugpapiere entfällt nur, wenn alle Auflagen eingehalten sind. Liegt eine Allgemeine Betriebserlaubnis ohne A01 vor, ist keine Änderungsabnahme nötig und alles wird ganz einfach: kaufen, montieren, ABE ins Handschuhfach, abfahren.

... denn hier werden die Voraussetzungen für eine erfolgreiche Eintragung genau definiert.

Felgen mit einer ECE-Genehmigung

Ein mit dem ECE-Prüfzeichen versehenes Fahrzeugbauteil darf ohne gesonderten Eintrag in die Fahrzeugpapiere verwendet werden. Auch muss keine Kopie der Betriebserlaubnis mitgeführt werden. Es handelt sich

Ganz klein, aber ganz wichtig: Die E-Nummer muss vorhanden sein. Schon gefunden?

Auch Serienräder können begeistern: Hier das Exklusiv-Schmiederad für den BMW M2, hergestellt von der Firma Fuchsfelge aus Meinerzhagen.

um so genannte Identräder, welche in den Funktionsmaßen identisch mit dem Serienrad sind.

Das ECE-Prüfzeichen besteht aus einem großen „E" in einem Kreis und einer darauf folgenden Prüfnummer

ANGZWFLT.
PRAXISTIPP

Um bei einer Verkehrskontrolle oder bei der Hauptuntersuchung jeglichem Ärger aus dem Weg zu gehen, empfehle ich, alle vorliegenden Unterlagen, Gutachten und Prüfdokumente stets bei den Fahrzeugunterlagen mitzuführen.

Der richtige Reifen

Der Reifen ist das einzige Bindeglied zwischen eurem Fahrzeug und der Fahrbahn und beeinflusst neben dem Fahrwerk auch maßgeblich das Fahrverhalten. Dabei ist es eigentlich selbstverständlich, dass der montierte Reifen zum einen zur verwendeten Felge passt, zum anderen von seinen Dimensionen her zum Fahrzeug. Außerdem sollte der vom Hersteller empfohlene Luftdruck eingehalten werden.

Serienfahrzeuge werden herstellerseitig gerne mit etwas schmaleren Reifen ausgestattet. Die nachträgliche Umrüstung auf Breitreifen verbessert dabei nicht nur die Optik: Die breiteren Gummis können aufgrund der größeren Auflagefläche Beschleunigungs- und Bremskräfte besser übertragen. Die höhere Lenkpräzision steigert Fahrdynamik und Sicherheit.

Kein Vorteil ohne Nachteil: Durch die breite Auflagefläche erhöht sich auch das Aquaplaning-Risiko und die Empfindlichkeit gegenüber Spurrillen. Ein breiterer Reifen weist in der Regel einen niedrigeren Querschnitt auf, was zu Komforteinbußen führen kann.

ANGEZWELT.
PRAXISTIPP

Auch wenn viele Tuning-Schätzchen während der kalten Jahreszeit in der Garage überwintern: Der verwendete Reifen sollte zur Jahreszeit passen. In Deutschland besteht seit dem 4. Dezember 2010 eine Winterreifenpflicht bei „winterlichen Straßenverhältnissen", das heißt, wenn Eis, Glätte und/oder Schneematsch vorkommen. Die „0-bis-0-Regel" („von Oktober bis Ostern") soll den Autofahrer lediglich daran erinnern, rechtzeitig vor dem winterlichen Kälteeinbruch die Reifen zu wechseln. Die maximale Geschwindigkeit, die man mit den montierten Winterreifen (auf das „M+S"-Symbol achten!) fahren darf, entspricht nicht immer der Höchstgeschwindigkeit des Autos. Der Grund: Winterreifen sind weicher als Sommerreifen. Fährt man schneller als erlaubt, erhitzt sich die Karkasse – das tragende Gerüst – und der Reifen kann platzen. Bei Winterreifen empfiehlt der ADAC eine Mindestprofiltiefe von 4 mm. Wichtig zu wissen: Mangelnde oder fehlerhafte Bereifung bei winterlichen Straßenverhältnissen kann dazu führen, dass sich im Falle eines Unfalls eure Kfz-Versicherung gegen euch stellt und sogar mit Regresszahlungen droht.

Bei Sommerreifen gilt übrigens die gesetzlich vorgeschriebene Profiltiefe von 1,6 mm, der ADAC empfiehlt allerdings eine Mindestprofiltiefe von 3 mm. Bei Ganzjahresreifen sind ebenfalls 1,6 mm gesetzlich vorgeschrieben, empfohlen jedoch 2,5 bis 3 mm je nach Jahreszeit.

Eine 1-Euro-Münze als Tiefenmesser: Der goldene Rand ist exakt drei Millimeter breit. Wenn man die Münze in die Mitte des Reifenprofils hält und der Goldrand nicht mehr zu sehen ist, haben die Sommerreifen noch ausreichend Restprofil. Ist ein Teil des goldenen Rands jedoch sichtbar, sollte man schon mal über einen Reifenwechsel nachdenken.

Die Beschriftung auf der Reifenflanke gibt Auskunft über den technischen Aufbau. Nehmen wir hier als Beispiel einfach mal die Angabe: **245/45 R19 102Y DOT 3219**

245 Die nominelle Breite des Reifens (in mm) unbelastet an der breitesten Stelle (nicht der Lauffläche!).

45 Das prozentuale Verhältnis von Flankenhöhe zu Reifenbreite (nicht Lauffläche); auch bekannt als „Querschnitt".

R Das „R" steht für die radiale Bauweise der Reifenkarkasse.

19 Der erforderliche Felgendurchmesser in Zoll.

102 Angabe der Tragfähigkeit/Lastindex (LI). 102 indiziert laut Zuordnungstabelle eine maximal zulässige Last von 850 kg pro Reifen.

Y Der Geschwindigkeitsindex erlaubt eine maximale Geschwindigkeit von max. 300 km/h.

DOT 3219 Die Angabe DOT (Department of Transportation) 3219 gibt an, dass der Reifen in der 32ten Woche des Jahres 2019 produziert wurde. Wichtig: Weder schreibt der

Gesetzgeber ein striktes Maximalalter der Reifen vor, noch bemängelt der TÜV Exemplare, die älter als sechs oder sieben Jahre sind. Allerdings weisen so alte Reifen meist Risse oder andere Schäden auf.

Das **E-Prüfzeichen** auf der Flanke bestätigt, dass der Reifen im öffentlichen Straßenverkehr eingesetzt werden darf.

Die „Glückszahlen": Breite, Bauart, Felgendurchmesser und Tragfähigkeit.

Die Automobilindustrie setzt seit vielen Jahren schon auf speziell auf ihre Fahrzeuge abgestimmte Reifen. Diese Reifen sind vom Reifenhersteller besonders gekennzeichnet. Hierbei handelt es sich stets um Premiumprodukte, die preislich sicherlich nicht mit „No-Name"- oder „Ling-Long"-Schlappen zu vergleichen sind, jedoch maximale Sicherheit und perfekten Fahrspaß garantieren sollen. Nähere Infos, auch zu einer angebotenen Reifengarantie, kann der Händler eures Vertrauens geben.

Diverse Kennzeichnungen der Reifen nach Fahrzeugmarke:

Alfa Romeo	AR
Aston Martin	AM
Audi	AO, AOE oder R01 (Quattro)
Bentley	B
BMW	Sternmarkierung (*)
Ferrari	K1, K2, K3
Jaguar	J
Lamborghini	L
Land Rover	LR
McLaren	MC
Mercedes Benz	MO(E), MO1 (AMG-Modelle)
Nissan	NR1 (Nissan GT-R Nismo)
Porsche	N0, N1, N2 ...
Tesla	T0, T1, T2 ...
Volvo	VOL

Mit passender Silhouette: ein Michelin für den Mercedes-AMG GT Black Series. Fast alle Reifenhersteller entwickeln spezielle Produkte für die unterschiedlichen Automarken.

ANGZWELT.

PRAXISTIPP

Seit 1.11.2014 schreibt die EU bei Neuwagen eine Pflicht für Reifendruckkontrollsysteme (RDK) vor. Die üblichsten zwei Varianten sind die direkten und indirekten RDK-Systeme. Letztere nutzen die vorhandenen ABS-/ESP-Sensoren des Fahrzeugs und melden dem Fahrer „einen" Druckverlust am entsprechenden Rad. Indirekte RDK-Systeme können nur eine allgemeine Warnung anzeigen. Das Fahren ohne funktionierendes RDKS kann unter Umständen dazu führen, dass im Falle eines Unfalls, der auf einen Reifenschaden zurückzuführen ist, der Versicherungsschutz erlischt. Bei der Hauptuntersuchung stellt ein defektes RDK-System einen erheblichen Mangel dar und ist somit ein Grund, keine neue Plakette ausgestellt zu bekommen.

Frühwarnsystem: Reifendruckkontrollsysteme (RDKS) überwachen den Reifendruck, um Unfälle aufgrund von Reifenschäden zu verhindern.

Abrollumfang & Tachoangleichung

Jeder Tuner kennt die Situation: Ein neues Auto muss her, aber häufig kann das vorhandene Budget nicht den Wunsch nach dem Top-Modell der Baureihe erfüllen. Die meisten von uns greifen hier sicherlich in erster Instanz zu einem neuen Radsatz. Aber ist es wirklich so einfach, die langweiligen Serien 16er gegen schicke 19-Zöller zu tauschen oder hagelt es auch hier wieder Auflagen, die erfüllt sein müssen, um eine Umrüstung legal und problemlos zu realisieren? Ihr kennt bestimmt die Antwort ...

In der Regel findet ihr im COC-Dokument zu eurem Fahrzeug eine Vielzahl verschiedener freigegebener Rad-Reifen-Kombinationen. Sollte sich hier keine Wunschpaarung finden, bietet natürlich auch der After-Sales-Markt bekanntlich eine riesige Auswahl cooler Optionen. Primär steht die richtige Reifengröße in diesem Fall in der zugehörigen ABE oder dem Teilegutachten. Sollte die gewünschte Reifengröße nicht im Gutachten aufgeführt sein, muss auf jeden Fall der Abrollumfang im Auge behalten werden: Umso näher dieser an der Serienbereifung liegt, umso einfacher wird es später, die eigene Wunschkombination problemlos eingetragen zu bekommen.

Sollte der Abrollumfang zu sehr abweichen, wird später die Tachoanzeige nicht mit der tatsächlichen gefahrenen Geschwindigkeit übereinstimmen. Hier kann die Auflage einer Tachoangleichung die Folge sein. Eine Lösung bieten die Niederquerschnittreifen: Klarer Vorteil dieser Konfiguration ist nämlich, dass eine größere Felge gefahren werden kann, bei gleichzeitig kaum verändertem Abrollumfang.

Anhand der folgenden Beispielrechnung, möchte ich euch gerne den Switch von der Serienbereifung auf eine „extreme" Variante veranschaulichen, die eine Tachoangleichung zur Folge hätte, da die Abweichung im negativen Bereich liegt, was nicht sein darf.

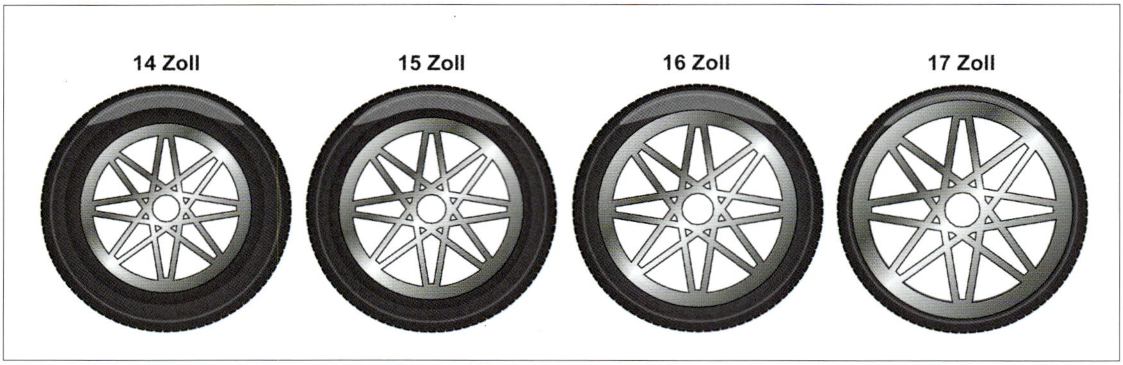

Der Abrollumfang verändert sich nicht zwangsläufig durch den Wechsel auf größere Räder – allerdings leidet zumeist der Komfort.

	Serienbereifung: 195/65 R15	**Wunschbereifung:** 235/35 R19
Durchmesser:	63,5 cm	64,7 cm
Abrollumfang:	192,9 cm	196,7 cm
Umfangsdifferenz:	+2 %	–
Bodenfreiheitsänderung:	0,6 cm	–
Tatsächliche Fahrgeschwindigkeit:	–	100 km/h
Geschwindigkeit laut Tacho:	–	98 km/h
Geschwindigkeitsabweichung:	-2 %	–

Der Tacho darf 7 bis 10 % zu viel anzeigen, jedoch keine Abweichung nach unten aufweisen. Eine Tachoangleichung kostet bei mechanischen Tachos ca. 150 bis 200 Euro.

Der Abrollumfang (Umfangsdifferenz) darf sich im Bereich von -4 % zur kleinsten Seriengröße bis +1,0 % zur größten Seriengröße bewegen, sodass es hier in unserem Beispiel keine weiteren Probleme bei der Eintragung gibt.

Bei der Umbereifung muss natürlich aber auch auf den Load- und Geschwindigkeitsindex geachtet werden: T = 190 km/h; H = 210 km/h; V = 240 km/h; W = 270 km/h; Y = 300 km/h.

Im Internet findet ihr unter dem Suchbegriff „Abrollumfang berechnen" auf verschiedensten Webseiten kostenlose Online-Rechner zu dem Thema.

PRAXISTIPP

Wenn der Abrollumfang mehr als 8 % von der Serie abweicht, kann ein neues Abgasgutachten gefordert werden, da sich durch den geänderten Abrollumfang auch das Abgasverhalten verändern kann. Ein Abgasgutachten liegt kostentechnisch so im Bereich um 2000 Euro. Achtet also lieber drauf, dass der Abrollumfang passt!

Wheel Switch & Tire Stretch – ein Trend der Szene

Natürlich gibt es auch bei dem Thema Räder & Reifen „Extrem-Tuning". Nehmen wir mal ein klassisches Beispiel, wie es sicherlich jeder schon mal irgendwie oder zumindest ähnlich auf dem einen oder anderen Tuning-Event gesehen hat: ein Golf VI mit Lamborghini-Felgen. Aber ist sowas überhaupt legal fahrbar? Schließlich wissen wir ja, dass es unheimlich vieler Freigaben und Nachweise bedarf, so etwas nur ansatzweise passend und auch konform auf die Straße zu bekommen.

In erster Linie ist das nötige Kleingeld erforderlich, um einen solchen Rädersatz zu erwerben, denn eines ist sicher: Den gibt es garantiert nicht für 500 Euro beim Felgendealer um die Ecke – falls doch, solltet ihr euch spätestens jetzt Gedanken über seine Herkunft machen. Logischerweise muss vor der Montage geprüft werden, ob der Lochkreis passt. Wenn hier schon Probleme aufkommen, kann ein Lochkreisadapter für Abhilfe sorgen. Da es für eine Eintragung anderer Räder immer irgendeines Dokumentes bedarf, muss ein solches natürlich auch bei diesem besonderen Vorhaben dem Prüfer vorgelegt werden. Das für die Prüfung relevante Festigkeitsgutachten kann zusammen mit dem Traglastgutachten direkt beim Hersteller der neuen Felgen, in diesem Beispiel Lamborghini, angefragt und beantragt werden. Als Nächstes wird der Abrollumfang berechnet, um zu prüfen, ob eine Tachoangleichung notwendig ist. Hierbei kann auch der schon erwähnte Online-Umrechner für den Abrollumfang gute Dienste leisten – am besten die Ausdrucke zum Abnahmetermin gleich mitnehmen.

Sollen auf die Felgen schmalere Reifen (Tire Stretch) montiert werden, die im Gutachten in der Wunschdimension nicht aufgeführt sind, ist auch das grundsätzlich möglich. Leider sind oft diese Kombinationen nicht geprüft, da kein Hersteller davon ausgeht, dass jemand so krass fahren möchte. Hier muss man selbstverständlich wieder auf den Abrollumfang, die Traglast und die Festigkeit sowie auch den Geschwindigkeitsindex achten. Außerdem muss der Reifenhersteller noch eine Freigabe erteilen, die bescheinigt, dass auf das Wunschrad auch der Reifen in der Wunschdimension bedenkenlos gefahren werden kann. Solche Dokumente gibt es in der Regel kostenlos auf Email-Anfrage per PDF.

Tuning-Trend Tire Strech: Wenn man übertreibt, ist es nicht mehr sicher und ganz bestimmt nicht mehr legal.

Aber auch ein so genannter Impact Test kann hier notwendig sein. Beispiel: Auf eine Wunschfelge mit 225/45 R17 soll ein 215/35 R17-Reifen montiert werden. Die Prüfung kann nachweisen, dass durch die Verminderung des Reifenquerschnitts die Felge im Betrieb keinen Schaden nimmt.

Wenn alle diese Parameter positiv erfüllt sind, außerdem die Freigängigkeit, die Auflagen einer Verschränkung und auch die Bodenfreiheit sowie die notwendige Radabdeckung in Ordnung sind, dann kann man bei dem Sachverständigen des Vertrauens vorfahren, um die Eintragungsaktion nach §21 StVZO zu finalisieren.

ANGZWELT.
PRAXISTIPP

An dieser Stelle nochmals der Tipp: Bei solchen Projekten empfehle ich dringend, bereits im Vorfeld einen Sachverständigen zu kontaktieren, um mögliche Optionen abzusprechen.

Bei der Montage von Tire-Stretch-Rädern – Achtung: diese Arbeit bietet nicht jeder Reifenhändler an – ist unbedingt darauf zu achten, dass der Luftdruck gegenüber der Herstellerempfehlung um 1 Bar erhöht werden sollte. Technischer Hintergrund für diese Maßnahme: Die Luft muss die Reifenflanke stützen, um so zu verhindern, dass diese über den Hump rutscht. Bedenkt bei dieser Art des Räder-Tunings bitte immer, das Tire Stretch vielleicht cool aussieht, jedoch die Fahreigenschaften des Fahrzeugs verändern und auch die Dynamik darunter leidet.

Oft stellt sich die Frage, welcher Reifen für den Stretch am besten geeignet ist. Auch hier scheiden sich die Geister, man kann jedoch eines sicher sagen: Günstige Reifenmarken wie bspw. Nang Kang oder Achilles konstruieren ihre Reifen in der Regel etwas schmaler als namhafte Premiumhersteller wie Dunlop, Pirelli oder Michelin. Natürlich solltet ihr zurecht annehmen können, dass ein 225er Reifen doch immer eine Laufflächenbreite von 225 mm hat. Aber auch hier gibt es produktionsbedingt Toleranzen von +/- 5 mm, die man in der Szene inzwischen kennt: Während bei einem hochpreisigen 225er Reifen die Laufflächenbreite eher 230 mm beträgt, so hat der günstige Pneu tendenziell eher 220 mm zu bieten, was sich als Basis für den Stretch natürlich besser eignet. Aber immer daran denken: Auch um einen preiswerten Reifen legal fahren zu dürfen, muss dieser eine ECE-Genehmigung besitzen!

ANGZWELT.
PRAXISTIPP

Egal, ob Alltags-Jogi, der in der Rhein-Ebene einfach nur im Alltag von A nach B kommen will, oder der Hobby-Racer, der sein Ring-Tool zügig auf der Nordschleife bewegen möchte – spart beim Reifenkauf nicht am falschen Ende, denn es ist wie immer im Leben: Du musst dem Gummi vertrauen!

Spurverbreiterung durch Distanzscheiben

Ich bin mir fast sicher, dass die meisten von euch in ihrer Hobbywerkstatt, im Keller oder in der Garage schon den einen oder anderen Satz Spurplatten gesammelt haben. Natürlich kann die Spur des Fahrzeugs auch einfach mit überdimensioniert breiten Reifen vergrößert werden, jedoch scheitert dieses Unterfangen oft am verfügbaren Budget – breite Reifen kosten nun mal leider ihr Geld. Aus diesem Grunde greifen viele Tuner zu dieser „relativ" günstigen Variante der Spurverbreiterung.

Diese Spurplatten werden mit separaten Schrauben an der Radnabe des Fahrzeugs befestigt. Für die Radmontage verwendet man die originalen Radbolzen.

Messen hilft: Vor dem Kauf von „irgendwelchen" Spurplatten, kann so besser beurteilt werden, was noch geht.

Ich habe es oft selbst erlebt, dass die neue Rad-Reifen-Kombination in Verbindung mit dem Gewindefahrwerk nicht so wirklich clean in den Radkästen stand, mit der Feder kollidierte oder einfach nicht TÜV-konform war. Also musste ich ins Regal greifen und verschiedenste Distanzscheiben ausprobieren. Ob Spurverbreiterungen eine Lösung sind, hängt nicht nur von eigenen Wünschen ab, sondern auch vom Fahrzeugtyp, den gewählten Reifen und der Felgen ab.

Sauberkeit zählt: Vor der Montage muss die Radnabe gründlich gereinigt und von Rost befreit werden. Die Maße der Platte sind an der Seite eingeschlagen.

Eine Spurverbreiterung wird in erster Linie gerne aus optischen Gründen gewählt, wenn die Räder durch die ET der Felgen (Einpresstiefe siehe auch Seite 69) nicht weit genug „herausstehen", sondern irgendwo im Radkastenausschnitt verschwinden. Eine Spurverbreiterung kann aber auch unter Umständen das Fahrverhalten spürbar verbessern. Grundsätzlich muss immer darauf geachtet werden, dass für die Platten eine Allgemeine Betriebserlaubnis (ABE) oder ein Teilegutachten vorliegt, in der auch der entsprechende Fahrzeugtyp aufgeführt ist.

Es gibt zwei verschiedene Variante der Spurplatten: Welche davon die gängigste ist, kann ich gar nicht genau sagen. Ich habe sie beide schon verwendet und meinen persönlichen Favoriten auserkoren. Die klassische Spurverbreiterung ist eine überdimensionierte Unterlegscheibe, die mittels längerer Radbolzen zwischen Radnabe und Felge montiert wird. Als Faustformel für längere Radbolzen gilt: 6,5 Umdrehungen des Bolzens bei der Montage.

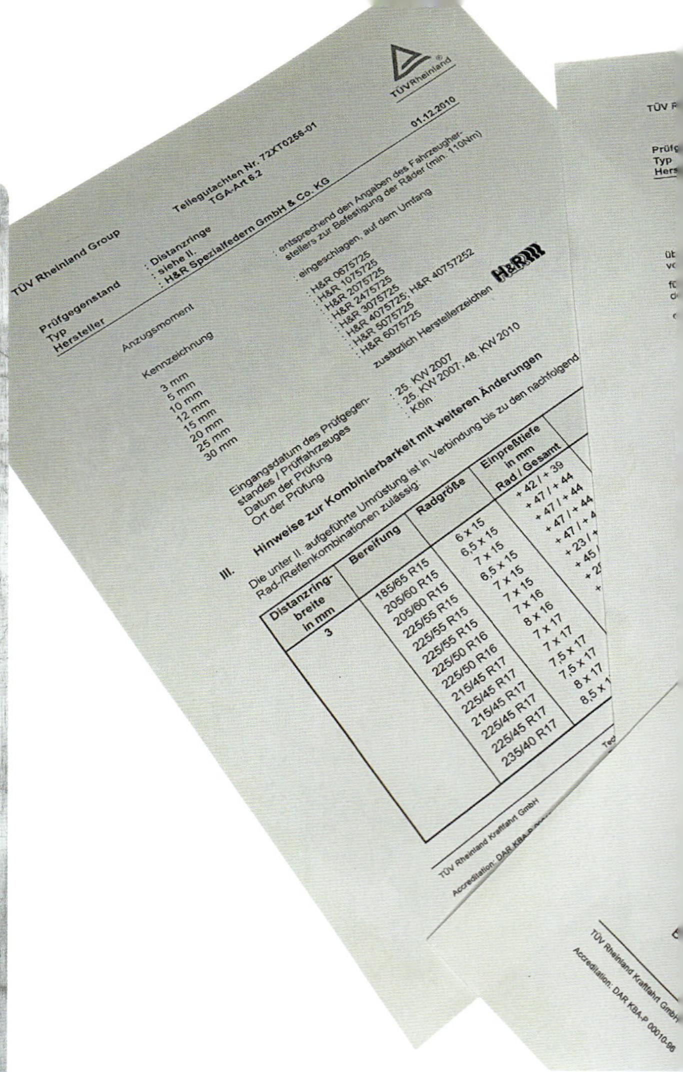

PRAXISTIPP

Auch wenn die Montage der Distanzscheiben – oder auch Spurplatten genannt – eigentlich eine sehr einfach Sache ist, sollten ein paar Dinge unbedingt beachtet werden: Die Auflagefläche an der Radnabe muss vollständig clean sein, also müssen Rost und andere Verunreinigungen am besten mit einer Drahtbürste gründlich entfernt werden. Andernfalls liegt die Scheibe nicht absolut plan an der Radnabe an und kann sich beim Anziehen der Radschrauben verziehen. Ein anderer Grund, warum die Scheibe keinen flächigen Kontakt zur Radnabe hat, ist eine falsche Nabenzentrierung in der Scheibe – sie muss tief genug sein, um über die Zentrierung an der Radnabe zu passen. Also stets kontrollieren, ob das verwendete Exemplar auch zum Auto passt.
Und natürlich muss auch die Felge spielfrei an der Scheibe anliegen; wenn hier die Zentrierung nicht passt (zu groß), ist mit großer Wahrscheinlichkeit die falsche Scheibe am Start.
In all diesen Fällen wird das Rad nicht rund laufen, sondern sorgt mit einer Unwucht für ein vibrierendes oder gar „schlagendes" Lenkrad.

Alternativ zu diesem System gibt es noch die so genannten Adaptionsplatten, die ebenfalls auf der Radnabe sitzen, jedoch auf dieser direkt mit eigenen Schrauben montiert werden. Anschließend werden die Felgen mit den dafür vorgesehenen Radbolzen an den Adaptionsplatten verschraubt.

Ich bevorzuge klar die erste Variante, weil gefühlt zumindest weniger „Sollbruchstellen" vorhanden sind als bei der „Mehrfach-Stecksystem-Variante". Aber das dürft ihr nach Verfügbarkeit und eigenem Gusto freilich selbst entscheiden.

Eine Spurverbreiterung ist ein sicherheitsrelevantes Bauteil, weshalb sich auch die Eigenanfertigung von entsprechenden Aluplatten auf der heimischen Drehbank von selbst verbietet. Mal abgesehen von einer möglichen Unwucht der Teile – ohne Dokumentation über die Festigkeit ist eine Eintragung auch gar nicht möglich und die Betriebserlaubnis des Fahrzeugs wäre dann natürlich auch Geschichte.

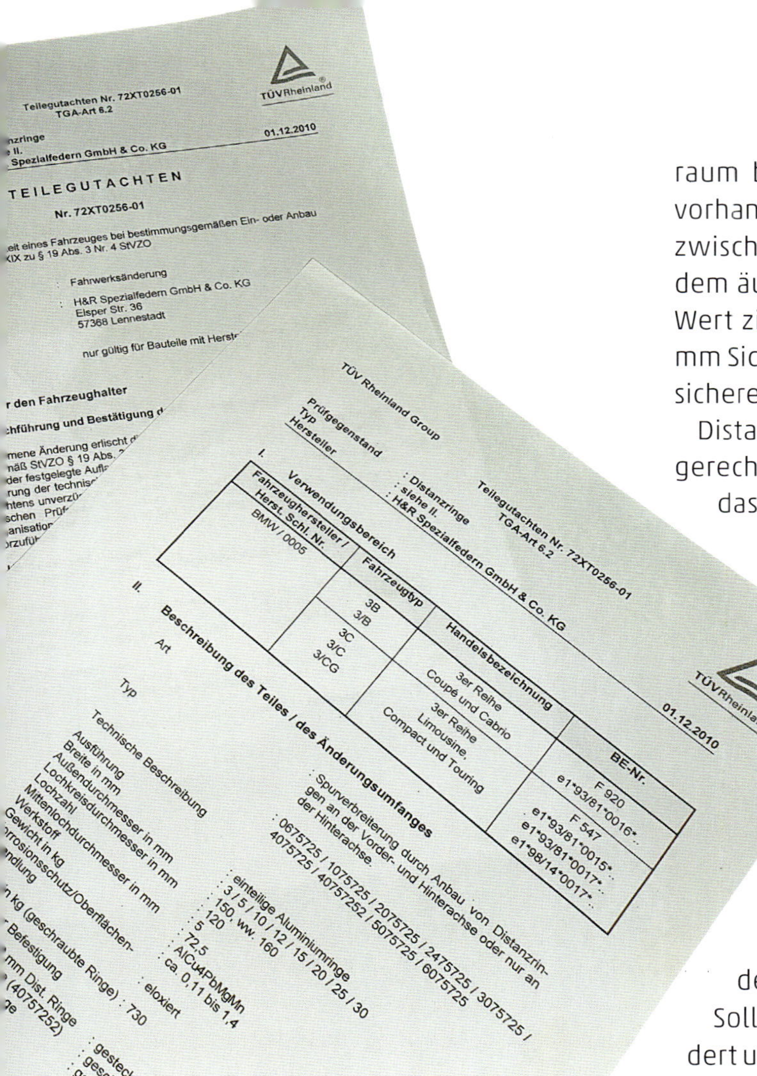

Stimmungsaufheller für den Prüfer: Nur mit den richtigen Dokumente kommt es zu einer erfolgreichen Eintragung.

Fazit: Das Ziel einer Spurverbreiterung besteht darin, die Einpresstiefe zu verringern. Allerdings sind hier Mindestwerte zu beachten, die nicht unterschritten werden dürfen. Wer selbst ermitteln möchte, wie viel Spielraum bei der Wahl einer Spurverbreitung vorhanden ist, der misst einfach den Abstand zwischen der inneren Kotflügelkante und dem äußeren Rand des Reifens. Von diesem Wert zieht man dann im besten Fall noch 5 mm Sicherheitspuffer ab und ist dann auf der sicheren Seite.

Distanzscheiben lassen sich nur dann fachgerecht montieren, wenn der Lochkreis für das jeweilige Fahrzeug passt und die Radschrauben die richtige Länge haben.

Bei montierter Spurverbreiterung muss die Freigängigkeit der Räder gewährleistet sein, was bedeutet, dass die Reifen nirgendwo schleifen dürfen.

Die ABE einer Spurverbreiterung basiert – ihr wisst es bestimmt schon – immer auf der Tatsache, dass zum Zeitpunkt der Erstellung dieser Betriebserlaubnis, das Prüffahrzeug mit Serienbereifung und dem Serienfahrwerk ausgestattet war. Solltet ihr eines oder beides bereits verändert und optimiert haben, greift hier wieder eine Änderungsabnahme nach §19(3) StVZO.

ANGZWELT.
PRAXISTIPP

***Das sagt der TÜV:** Grundsätzlich darf die Spur der Vorderachse nicht mehr verbreitert werden als die der Hinterachse. Ist die Spur vorn breiter, entsteht ein übersteuerndes Fahrverhalten, was in der StVZO nicht gewünscht wird. Daher ist bei einer solchen Kombination immer ein umfangreicher Fahrversuch notwendig.*

Ein Bild sagt oftmals mehr als tausend Worte: Hier an dieser Stelle gibt es mal ein paar Beispiele zu sehen, wie es nicht geht. Die besonders haarsträubenden Ergebnisse extrem „talentierter" Tuner dienen natürlich nicht der Nachahmung!

Ein besonderer Dank für die meisten dieser Praxisbeispiele geht an die Spezialisten von RHD//SPEEDMASTER aus Rheinhausen. Sie unterstützen mit ihrer jahrelangen Erfahrung und umfassenden Expertise alle Tuner, die Gutachten zur Erteilung einer Einzelbetriebserlaubnis benötigen oder sonstige Projekte am Start haben.

Viel Spaß beim „Best of Bullshit".

Handwerklich sehr kreativ: Eine umgeschüsselte Blitz-Felge, bei der die Größenangabe abgeschliffen und neu eingeschlagen wurde. Umgeschüsselte Felgen können wegen fehlendem Festigkeitsgutachten nicht eingetragen werden.

Ebenfalls unzulässig: die Rota-Felge mit eingeschlagener OZ-Nummer.

Der Wagen federt zu tief ein mit dem Ergebnis, dass sich der Radlauf langsam in den Reifen einarbeitet.

Der Klassiker: zu viel Sturz kostet Gummi.

Mindestens so pragmatisch wie illegal: An einem Golf II wurden die Schrauben, mit denen diese Spurplatte befestigt ist, auf der Drehbank abgedreht, weil sie zu weit vor standen. Scheinbar gingen dabei auch noch welche verloren, denn hier fehlen zwei ...

Das sorgt für eine „unterhaltsame" Verkehrskontrolle: Bei diesen Radschrauben ist jeder noch so wortreiche Erklärungsversuch des Fahrzeugbesitzers zum Scheitern verurteilt.

Wenn man schon weiß, dass es sich um einen Abnahmetermin handelt, sollten die Reifen etwas besser aussehen als dieses Exemplar. Auch eine mitgebrachte Rechnung von den bereits bestellten neuen Reifen beeindruckte den Prüfer herzlich wenig.

Beschädigte Felgen sind ja generell schon problematisch, aber dieser Zeitgenosse hat eine Stahlfelge in Heimarbeit geschweißt.

AKRAPOVIČ

ABGASANLAGEN, LUFTFILTER & ANSAUGSYSTEME

Abgasanlagen, Luftfilter & Ansaugsysteme

LAUTSTÄRKE IST (NICHT) ALLES

Röhren, knallen und ballern muss es, wenn es um das Thema Auspuffanlagen geht. Aber jetzt mal Klartext: Wo liegt denn eigentlich die zulässige dB-Grenze, welchen Sinn erfüllt technisch gesehen eine Abgasanlage und welche Komponenten dürfen und können problemlos getauscht und optimiert werden?

Ich unterstelle jetzt mal dem Tuner-Enthusiasten von heute, dass es ihm beim Tuning der Abgasanlage in erster Linie um die Optimierung der Geräuschkulisse und die Optik am Heck des Fahrzeugs geht. Die wenigsten werden sich bei diesem Thema über eine mögliche Leistungssteigerung oder Strömungsoptimierung Gedanken machen, da dieser Schritt dann auch noch mal deutlich höhere Kosten verursacht als eine einfache „Brülltüte".

Aber auch in diesem Bereich des Tunings gibt es ganz klare Auflagen und Vorgaben, die bei einer Umrüstung zu beachten sind, sonst drohen knallharte Strafen: Der Verdacht der Steuerhinterziehung, Verlust der Betriebserlaubnis und des Versicherungsschutzes sind in diesem Zusammenhang nur drei Probleme, die auf den Fahrzeughalter zukommen können. Entgegen aller Gerüchte gibt es in Deutschland eine vorgeschriebene, zulässige und maximale Lautstärkengrenze, die eine Abgasanlage nicht überschreiten darf.

Präzisionsarbeit: Klasen Motors bietet seinen 850 PS starken R8 V10 plus Biturbo-Umbau mit Straßenzulassung für 55.000 Euro inkl. Montage und TÜV-Eintragung an.

Den meisten Tunern geht es um eine saubere Optik am Fahrzeugheck, kombiniert mit einem kernigeren Sound.

Die Dezibel-Grenze

Bereits 2013 haben sich die EU-Mitgliedsstaaten nämlich darauf geeinigt, die Geräusch-Grenzwerte bei Fahrzeugen innerhalb der Europäischen Union schrittweise zu senken. Bis 2028 sollen dann nur noch Neufahrzeuge mit einem Fahrgeräusch von maximal 68 dB(A) zugelassen werden können. Aktuell stehen wir bei 74 dB(A) für Fahrzeuge mit einer Nennleistung bis 140 kW (190 PS). Bei leistungsstärkeren Fahrzeugen liegt der Grenzwert aber immerhin noch bei 75 dB(A). Zum Vergleich: eine Kettensäge ist mit 110 dB(A) „legal" schon deutlich lauter, die menschliche Lärm-Schmerzgrenze liegt bei 130 dB(A).

Die Angaben zu den maximalen Grenzwerten jedes Fahrzeugs stehen in der Zulassungsbescheinigung Teil 1 (Fahrzeugschein).

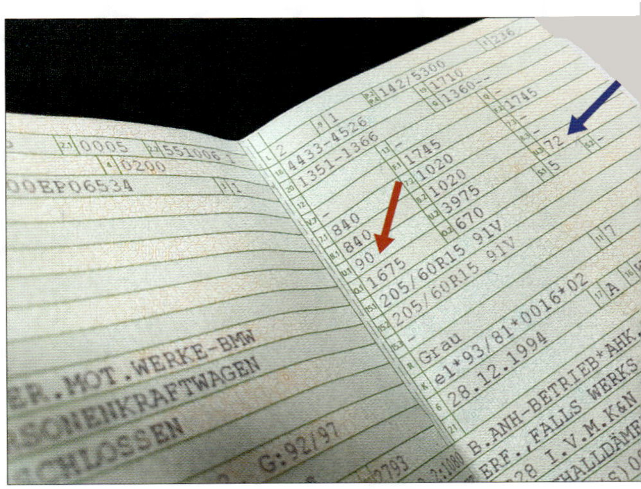

Erlaubte Lautstärke in ZB Teil I: Unter Punkt U.1 steht der Wert für das Standgeräusch (roter Pfeil), Punkt U.3 gibt das Fahrgeräusch an.

Hier sind sowohl das Standgeräusch (U.1) als auch das Fahrgeräusch (U.3) angeben. Das Standgeräusch dient dabei lediglich als eine Vergleichsgröße. Schließlich kann nicht bei jeder Kontrolle oder Hauptuntersuchung der Aufwand einer Fahrgeräuschmessung betrieben werden.

Wird der in Feld U.1 im Fahrzeugschein eingetragene Wert mit einer Toleranz von 5 dB(A) eingehalten, so wird davon ausgegangen, dass auch der Fahrgeräuschwert nicht überschritten wird. Liegt der im Stand gemessene Wert darüber, muss durch eine Fahrgeräuschmessung nachgewiesen werden, dass der eingetragene (Fahr-)Wert trotzdem eingehalten wird. Ist dies nicht der Fall, erlischt die Betriebserlaubnis.

ANGZWELT.
PRAXISTIPP

Ein Dezibel ist der zehnte Teil von einem so genannten Bel – einer nach Alexander Graham Bell benannten physikalischen Größe. In der Akustik bezeichnet diese Einheit die Intensität der Schallwellenausbreitung. Je höher der Zahlenwert, desto weiter breitet sich der Schall aus, das Geräusch ist – laienhaft gesprochen – lauter.

Aufbau einer Abgasanlage

Die Aufgabe einer Abgasanlage (AGA) besteht darin, die Abgase aus dem Brennraum des Motors möglichst leise und sauber über diverse Komponenten nach hinten abzuleiten. Eine komplette Abgasanlage umfasst logischerweise mehr als nur die Endrohre und besteht in der Regel immer aus dem **Abgaskrümmer**, dem **Katalysator**, diversen **Vor-, Mittel- und Endschalldämpfern** und besagten **Endrohren**.

Bei mehrflutigen Abgasanlagen oder Duplex-Kombinationen, können diverse Bautei-

Kunst am Auspuff: Die dreiflutige Endschalldämpfer-Anlage von CrewX Performance liefert fetten Sound und dominiert dabei auch die Optik am Heck dieses Honda Civic Type-R.

Hinter dem Kat kann die Serienanlage problemlos gegen eine Sportauspuffanlage mit ABE getauscht werden.

le wie bspw. die Kats natürlich auch mehrfach vorhanden sein. Grundsätzlich können problemlos alle Einzelteile verändert werden, sofern sie den Vorgaben der StVZO entsprechen.

Abgas- & Fächerkrümmer

Der **Abgaskrümmer** ist direkt mit dem Zylinderkopf verbunden und besteht aus Grauguss oder Edelstahl. Die Form eines Krümmers kann, je nach Zylinderzahl und Bauweise des Motors, sehr einfach, aber auch sehr verschnörkelt konstruiert sein. Bei einem guten Motor-Tuning führt kein Weg an einem **Fächerkrümmer** vorbei. Mit seinen angepassten Rohrlängen, dem vergrößerten Durchmesser und einer für jeden Zylinder optimierten Rohrführung ist er der ultimative Abgaskrümmer. Für eine optimale Leis-

Der Serien-Abgaskrümmer am M52B28-Triebwerk aus einem BMW 328i (E36) unterscheidet sich erheblich ...

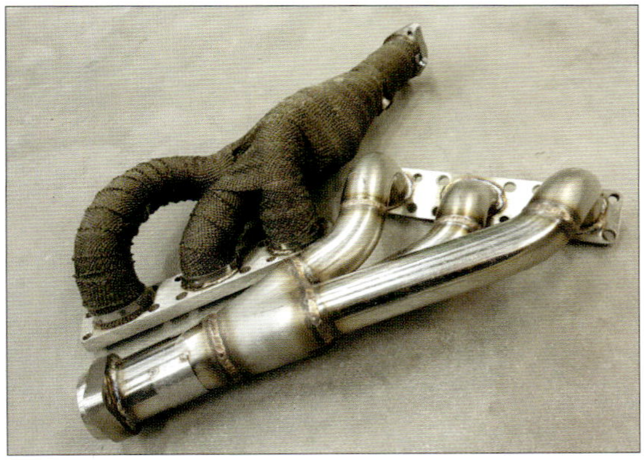

... von dem Fächerkrümmer, der von Friedrich Motorsport für diesen Typ angeboten wird.

Handarbeit: Perfekte Bogenradien und möglichst gleiche Rohrlängen zeichnen einen guten Fächerkrümmer aus.

Teure Sammlung: Aufgrund niedriger Produktionszahlen und aufwändiger Fertigung sind Fächerkrümmer stets teurer als Serienteile.

tungsausbeute versuchen die Konstrukteure eines Fächerkrümmers stets, die jeweiligen Abgasrohre gleichlang auszulegen, was für ein extrem geschwungenes und optisch teils verknotetes Erscheinungsbild sorgt. Ziel der Leistungssteigerung ist eine spürbar verbesserte Drehmomentkurve sowie eine erhöhte Motorleistung.

Qualitativ hochwertige Fächerkrümmer für straßenzugelassene Fahrzeuge werden im besten Fall mit einem Teilegutachten ausgeliefert und können, nach sachgemäßem Einbau und unter Einhaltung der Auflagen, in der Regel durch eine Änderungsabnahme nach §19(3) StVZO durch einen Sachverständigen begutachtet werden. Ein Fächerkrümmer mit einem Teilegutachten, in dem euer Fahrzeug aufgeführt ist, in Kombination mit einer ansonsten im Serienzustand befindlichen Abgasanlage, kann also problemlos eingetragen werden. Wenn an den restlichen Komponenten der AGA bereits etwas optimiert wurde, muss sichergestellt werden, dass sich der Abgasgegendruck nicht verändert und daraus keine Mehrleistung resultiert. Sollte dies jedoch der Fall sein, müssen alle Prüfungen im Zusammenhang mit einer Leistungssteigerung durchgeführt werden. Des Weiteren ist eine Fahrgeräuschmessung nach ECE R51 unumgänglich, aber dazu später mehr.

Katalysator & Sport-Kats

Wenn die Abgase den Krümmer verlassen haben, wandern sie in die fahrzeugeigene Reinigungsanlage, nämlich den Katalysator. Der Kat ist – auch wenn viele ihn gerne durch eine **Straight Pipe (VERBOTEN!)** ersetzen würden – ein wichtiger Bestandteil der Abgasanlage. Im direkten Zusammenspiel mit der Lambdaregelung (Lamdasonde) reinigt dieses Bauteil bekanntermaßen die Abgase. Das Innenleben eines Katalysators besteht in der Regel aus einem Keramikblock mit parallel zur Längsachse verlaufenen Kanälen. Die innere Oberfläche ist mit Platin, Rhodium und Palladium beschichtet und bewirkt eine chemische Reaktion der Abgase, bei der Stickoxide und Kohlenwasserstoffe zu Stickstoff, Kohlendioxid und Wasser abgebaut werden.

Klassisches Innenleben: Die Zellenzahl eines Katalysators – gemessen in cpsi (Cells per Square inch) – entscheidet über die Durchlässigkeit.

Durch Reduzierung der Zellenanzahl, abgestimmte Katalysatorgröße und optimierte Anströmung senken die Sport-Kats von HJS den Abgasgegendruck und sorgen für mehr Leistung.

Viele Tuner spielen immer wieder mit dem Gedanken, sich „Sport-Kats" einzubauen. Aber was genau ist hier der Unterschied, was bringt es und worauf sollte man hier achten?

Je nach Fahrzeugtyp hat ein Serienkat in der Regel ca. 500 bis 800 Zellen. Hier muss aber für das allgemeine Verständnis gleich aufgeklärt werden:

Es handelt sich bei bspw. 600 Zellen in einem Serienkat NICHT um die Gesamtzellenanzahl im Katalysator-Gehäuse, sondern beschreibt die Anzahl nach cpsi (Cells per Square inch), also den Zellen pro Quadrat-Zoll (2,54 cm x 2,54 cm). Die meisten zugelassenen sportlichen Kats werden mit 200 bis 400 Zellen angeboten. Nur im Bereich des Motorsports sind 100er zu finden, da sie die vorgeschriebenen Abgasnormen im Kaltstart nicht erfüllen. Sportkatalysatoren sind im Vergleich zu den herkömmlichen Keramik-Kats wesentlich robuster und unter Umständen sogar effizienter. Einziger Nachteil – wenn auch vielleicht nicht für Tuning-Fans – ist die erhöhte Lautstärke.

Ein Sportkatalysator sorgt für eine bessere Leistungsentfaltung. Der Abgasgegendruck sinkt und der optimierte Abgasstrom bewirkt eine thermische Entlastung. Die Effekte basieren auf der geringeren Zellanzahl und der dünneren Wandstärke der Metall-Katalysatoren. Ein größerer Rohrdurchmesser als bei regulären Kats führt zu einer geringeren Wärmeentwicklung und das zur Entlastung des Motors.

Ein Sport-Kat kann aber auch ganz legal verbaut werden: Mit einer ECE-Bescheinigung, in der das betreffende Fahrzeug aufgeführt ist, kann so eine Ausführung ohne Hindernisse eingebaut und der Wagen für den Straßenverkehr zugelassen werden. Um bei diesem teuren Projekt aber auf Nummer sicher zu gehen, solltet ihr das Vorhaben in jedem Fall mit dem Prüfer eures Vertrauens absprechen.

Bei einem Teilegutachten ist der Einbau zwar fast genauso unkompliziert ausführbar, allerdings ist ein kurzer Besuch beim TÜV unumgänglich. Für die Vorführung und Änderung der Fahrzeugpapiere entstehen Kosten in Höhe von knapp 80 bis 100 Euro.

Wer sich unbedingt einen Sport-Kat ohne jegliche Dokumentation oder Gutachten eintragen lassen möchte, für den führt natürlich kein Weg an einer Einzelabnahme nach §19(2) StVZO vorbei, da sich ja maßgeblich das Abgas- und Geräuschverhalten des Fahrzeugs verändert hat: Zuerst muss mit einer Fahrgeräuschmessung nachgewiesen werden, dass das Geräuschverhalten noch den Vorschriften entspricht. Schwieriger, aufwändiger und wesentlich teurer ist der Nachweis des Abgasverhaltens, denn dieser muss im Abgaslabor erfolgen (Kosten: ab 2000 Euro aufwärts). Darum besser gleich ein Bauteil mit einer ECE-Genehmigung oder einem Teilegutachten verbauen – sofern der Rest der Abgasanlage noch serienmäßig ist. Bei bereits erfolgten Veränderungen an der AGA verlieren das TG und ggf. auch die ECE-Genehmigung ihre Gültigkeit, was zur Folge hat, dass hier natürlich auch erneut die Geräusch- und Emissionsnachweise erbracht werden müssen.

So genannte **„Katalysator-Attrappen"** sind absolut verboten. Zwar wird durch den Ausbau des Serien-Kats der Strömungswiderstand im Abgasstrang verringert, was eine Steigerung der Motorleistung zur Folge hat, allerdings mit Folgen: **Verlust der Betriebserlaubnis** sowie eine darauffolgende **Nutzungsuntersagung** des Fahrzeugs. „Funfact" am Rande: Ein Verfahren wegen **Verdachts der Steuerhinterziehung** nach §370 der Abgabenverordnung droht ebenfalls. Der Ausbau des Katalysators verstößt nämlich nicht nur gegen die StVZO und das Bundesemmissionsschutzgesetz, sondern gegebenenfalls auch gegen das deutsche Steuerrecht. Die Aussicht auf eine sehr empfindliche Geldstrafe oder gar eine Freiheitsstrafe von bis zu fünf – in besonders schweren Fällen sogar bis zu zehn Jahren –, relativiert den Leistungsgewinn erheblich.

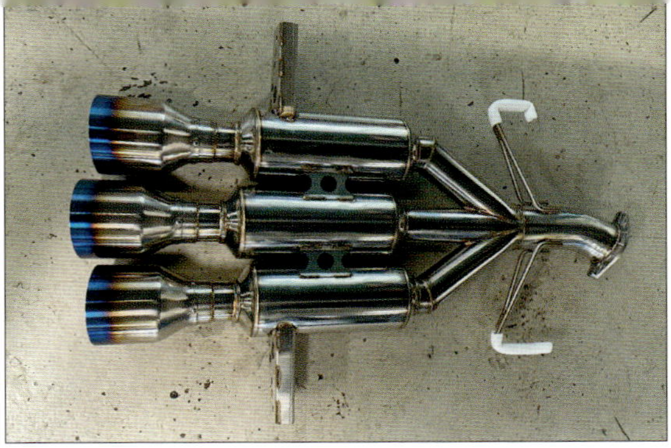

Legal oder nicht legal – das ist bei den meisten Anlagen die entscheidende Frage!

Schön unzulässig: Katalysator-Attrappe. Auch für den Straßenverkehr nicht zugelassen sind ungeregelte Katalysator-Systeme mit 100 cpsi, die in der Regel nur im Motorsport eingesetzt werden dürfen.

Der oder die Schalldämpfer

Auspuffsysteme bestehen ja bekanntermaßen aus verschiedensten Schalldämpfern: Es gibt grundsätzlich den Vor-, Mittel- und den Endschalldämpfer. Man unterscheidet hier in Reflexionsschalldämpfer und Absorptionsschalldämpfer. Der Reflexionsdämpfer besteht in der Regel aus mehreren Kammern, durch die der Schall geleitet wird. Die Schallwellen werden gewissermaßen von den einzelnen Wänden zurückgeworfen und heben sich teilweise wieder gegenseitig auf.

Beim Absorptionsdämpfer wird der Abgasschall durch die Kammern geleitet, die mit Materialen wie Glaswolle oder Glasfasern gefüllt sind. Diese porösen Strukturen im Inneren absorbieren den Schalldruck und reduzieren dadurch die Lautstärke. Bereits seit etlichen Jahren können Ingenieure von Abgasanlagen durch genau definierte Kombinationen, Querschnitte und Formen die Geräuschkulisse und die Motorleistung gezielt beeinflussen.

Optimierungen im Bereich der Abgasanlagen sind bei Tunern sehr beliebt. Jedoch können das Rausflexen von Dreiecken aus dem Hosenrohr, das Leerräumen des Endschall-

„Performance to blow your mind, not your ears!": Wie die britische Firma MILLTEK SPORT sind die meisten Hersteller bemüht, den perfekten Kompromiss zwischen maximalem Leistungszuwachs und legalem Geräuschpegel zu finden.

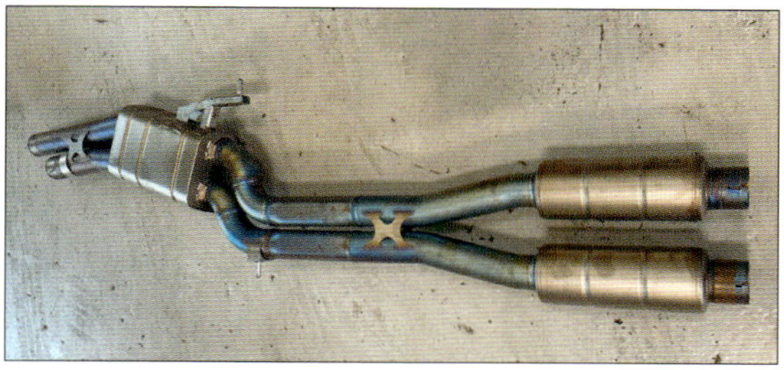

Hier eine typische Kombination von Vor- und Mittelschalldämpfer.

Große Versuchung: Manipulationen an der Abgasanlage …

… sind weder sonderlich kreativ (aufgebogener Flansch), …

… noch in irgendeiner Form legal (modifizierter Schalldämpfer mit „unsichtbarer" Schweißnaht auf der Oberseite).

dämpfers oder jegliche andere Spielart der unsachgemäßen Manipulation die sofortige und berechtige Stilllegung (Nutzungsuntersagung) zur Folge haben. Neben dem Problem der erloschenen Betriebserlaubnis, ist auch hier der Verdacht der Steuerhinterziehung das größere Problem (Änderung der Abgaswerte, die als Grundlage der Kfz-Steuerberechnung dienen). Angesichts des mehr als reichhaltigen Angebots an Sportauspuffanlagen in allen erdenklichen Preisklassen lohnt sich ein unsachgemäßes Tuning nicht wirklich.

Wenn von einem Sportauspuff die Rede ist, dann ist zumeist nur der Endtopf gemeint – es ist die einfachste und oftmals auch die günstige Möglichkeit zur Soundoptimierung. Und wie bei den meisten Tuning-Maßnahmen gilt auch hier: Eine vorliegende ECE-Genehmigung oder ein Teilegutachten für den Endschalldämpfer und vor allem passend für das jeweilige Fahrzeug garantiert ein sorgenfreies TÜV-Date.

PRAXISTIPP

Beim Austausch des Endschalldämpfers geht es primär um die Akustik und weniger um eine Leistungssteigerung – auch wenn viele Tuner davon überzeugt sind, dass nur eine röhrende Karre auch automatisch schnell ist.

Die Klappenauspuffanlage

Gediegen aus der Garage rausfahren, die Nachbarn nicht weiter verärgern, jedoch auf Wunsch per Knopfdruck die Klappe öffnen und um jeden Preis auffallen – all das lässt sich technisch mit einer Klappenauspuffanlage realisieren. Fahrzeuge, die werkseitig über eine Klappensteuerung verfügen, ha-

Alles legal: Werksseitig montierte Klappenanlage an einem Ferrari 599 GTB.

Doppelflutige Abgasanlage eines V8-Motors: Pro Zylinderbank sind zwei Universalendschalldämpfer in Reihe gesetzt, die per Knopfdruck zu- und abschaltbar sind. Ein klanglich maximal illegales Spektakel …

Elektronische Klappensteuerung von Küster Automotive: Ist die Klappe geschlossen, wird der Schall durch alle Schalldämpfer geleitet – ist die Klappe geöffnet, brüllt es aus allen Öffnungen.

ben verschiedene Fahrmodi, in denen diese Steuerung eingestellt und aktiv beeinflusst werden kann. Technisch funktionieren Klappensteuerung relativ simpel und werden mittels Unterdruck, per Feder oder auch elektrisch angesteuert. Ist die Klappe zu, wird der Abgasstrom durch alle Schalldämpfer geleitet – ist die Klappe auf, brüllt es aus allen Endrohren, da ein oder mehrere Schalldämpfer umgangen werden. Es gibt auch Fahrzeugtypen und Nachrüstoptionen, bei denen die Klappensteuerung beispielsweise im Kofferraum verbaut ist. Auf diese Weise soll sichergestellt werden, dass die Klappen nicht willkürlich im Stadtverkehr zum klassischen Posen geöffnet und sobald die Ordnungshüter in Sichtweite sind, ganz unauffällig per Knopfdruck wieder geschlossen werden können.

Die Frage, ob eine Klappenanlage überhaupt „legal" ist, können wir mit einem klaren JEIN beantworten, denn auch hier gibt es wieder Unterschiede. Wenn das Fahrzeug werksseitig mit einer Klappensteuerung ausgestattet ist, braucht ihr euch über dieses Thema schon mal keine Gedanken zu machen. Ohne die Untersuchung durch eine offizielle Prüfstelle und ohne Eintragung in den Fahrzeugschein dürfen in der Regel allerdings nur Klappenauspuffanlagen verbaut werden, wenn sie ein ECE-Prüfzeichen besitzen. Sie sind damit nicht nur in Deutschland, sondern in jedem EU-Mitgliedsstaat straßenlegal. Nachrüstanlagen mit EG-Prüfzeichen sind ebenfalls zulässig. Oftmals werden Klappenanlagen auch direkt vom Fahrzeughersteller verbaut, um bei leistungsstärkeren Fahrzeugen die Grenzwerte für Geräuschemissionen einhalten zu können. Aufgrund einer Verlautbarung im Verkehrsblatt sind Klappenanlagen mit Teilegutachten nicht mehr zulässig. Hintergrund dazu ist, dass aufgrund diverser EG-Gesetzgebungen sowie dem § 30 StVZO die Geräuschwerte eines Fahrzeuges nicht verschlechtert, sprich lauter werden dürfen.

Werden Klappenanlagen außerhalb des Verwendungsbereiches verbaut oder mit anderen Teilen wie Downpipe oder Ansaugung kombiniert, so ist eine umfangreiche Geräuschmessung nach VO(EU)540/2014 notwendig. Hier wird das Geräuschverhalten des Fahrzeugs in verschiedenen Lastzuständen und bei verschiedenen Geschwindigkeiten gemessen. Da diese Messung abhängig von der Leistung des Fahrzeugs ist, darf ein potentes Fahrzeug wie ein C63 tendenziell lauter sein als ein Dacia Logan. Wird diese aufwändige Messung bestanden, erhält das Fahrzeug mit dieser Kombination eine Einzelbetriebserlaubnis (EBE).

Eine nachträgliche Zulassung einer Klappenanlage ist daher sehr aufwändig, da auch hier diese umfangreiche Geräuschmessung durchgeführt und bestanden werden muss. Solltet ihr also planen, euch an einem Fahrzeug ohne originale Klappensteuerung selbst eine Klappenanlage zu bauen, dann solltet ihr die hohen Kosten für die Geräuschmessung einplanen. Zudem besteht das Risiko, dass die Messung nicht bestanden und die Anlage daher nicht eingetragen werden kann.

Hintergrund für den ganzen Aufwand ist, dass bekanntermaßen im Bereich der Klappenabgasanlagen viel manipuliert wurde und ein Großteil der Fahrzeughalter eine Fernbedienung im Auto hat, welche es erlaubt, die Klappe vor der Eisdiele ganz zu öffnen und wenn Ordnungshüter in Sichtweite sind, ganz zu schließen. Dies ist so allerdings nicht zulässig, da zu jeder Zeit die Geräuschwerte eingehalten werden müssen. Dies muss über die automatische Steuerung des Herstellers gewährleistet sein. Nur dann ist die Klappenanlage auch legal.

Straight-Pipe, X-Pipe & Co.

Fakt ist, dass man nicht „einfach so" diese Art der Veränderung am Abgasstrang legal auf die Straße bekommt, weil sich das Abgas- sowie Geräuschverhalten massiv verändert. Dabei sind die erforderlichen zahlreichen Nachweise, die erbracht werden müssten, kostspielig und zeitintensiv. Trotzdem an dieser Stelle eine Übersicht über die verschiedenen Hosenrohr-Typen.

Bei der **Straight Pipe** weisen die Abgasrohre der beiden Zylinderbänke keine Querverbindung auf. Diesen Rohrtyp findet man am häufigsten bei US-Car-Oldtimern. Der Vorteil dieser Verrohrung liegt darin, dass das typische V8-Blubbern besser zur Geltung kommt. Bei diesem System findet jedoch kein Gasaustausch statt, was dazu führt, dass kein leistungssteigernder Effekt erzielt werden kann und so das volle Potenzial des Motors nicht ausgeschöpft wird.

Bei der **Y-Pipe** werden nach dem Krümmer die beiden Einzelrohre in einem Rohr

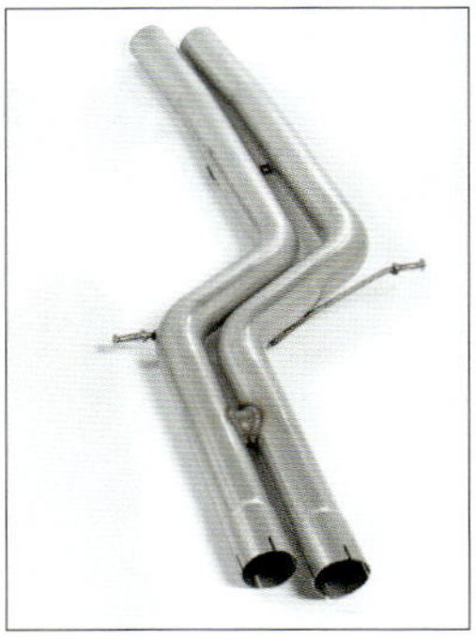

Straight-Pipe: Vordere Rohre (so genannte Hosenrohre) ohne Vorschalldämpfer.

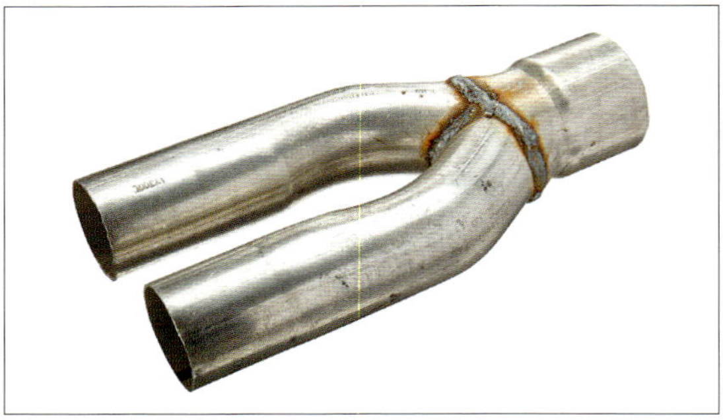

Prachtexemplar einer Y-Pipe: Die vom Krümmer kommenden Rohre werden in einem Rohr zusammengeführt.

Freies Atmen für den Motor, aber Schnappatmung beim Prüfer: eine Hochglanz-Straight-Pipe, selbstverständlich ohne ABE.

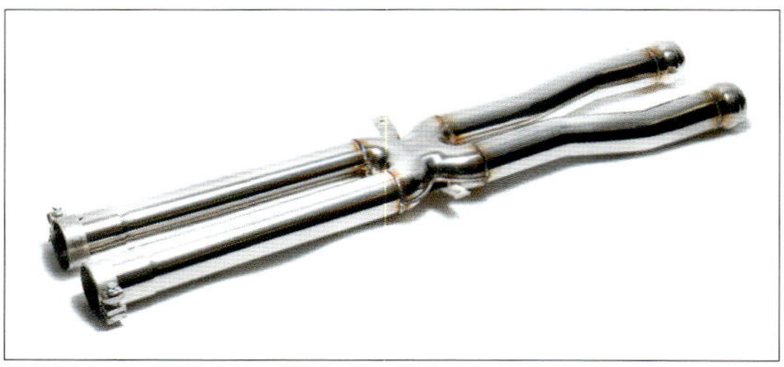

Effektive H-Pipe: Steigerung des Motordrehmoments bei niedriger und mittlerer Drehzahl.

zusammengefasst. Diesen Verrohrungstyp findet man ebenfalls häufig bei Oldtimern und auch bei einigen neueren V6-Motoren. Durch den Leitungsverlauf kann bereits bei niedriger Drehzahl ein leistungssteigernder Gasaustausch beider Zylinderbänke stattfinden (Steigerung des maximalen Drehmoments). Bei hohen Drehzahlen hat dieses Einzelrohr jedoch den Nachteil, dass durch seine Bauform der Durchfluss und somit die Motorleistung beschränkt wird.

Im Gegensatz zur Straight Pipe, haben wir bei der **H-Pipe** ein Einzelrohr mit kleinerem Durchmesser als Querverbindung zwischen den Auspuffrohren. Besonders bei leistungsstarken Oldies und aktuellen Fahrzeugen wird diese Form des Hosenrohrs häufig verbaut. Klanglich steht die H-Pipe einer Straight Pipe in nichts nach, jedoch ist die H-Pipe durch die Querverbindung in der Lage, das Drehmoment des Motors bei niedriger und mittlerer Drehzahl zu steigern. Im Gegensatz zur Y-Pipe bricht die Leistung bei hohen Drehzahlen nicht ein.

Der Name **X-Pipe** verrät schon, dass es sich um eine x-förmige Rohrführung handelt.

Solche Verrohrungen findet man häufig bei amerikanischen Fabrikaten und leistungsgesteigerten Saugmotoren. Trotz maximaler Leistungsausbeute im mittleren und hohen Drehzahlbereich, geht der typische V8-Sound bei dieser Verrohrung fast vollständig verloren.

Das Sound-Modul

Active Sound-Module wurden konzipiert, um bei Fahrzeugen beispielsweise einen satten V8- oder V10-Sound zu generieren. Grundsätzlich ist die Funktionsweise eines Sound-Moduls mit einem Lautsprecher vergleichbar. Hierbei handelt es sich aber nicht um einen normalen Lautsprecher, sondern technisch gesehen eher um einen Aktuator. Der Aktuator wird, abhängig vom Fahrzeugtyp, in der Reserveradmulde, am Fahrzeugboden oder direkt am Abgassystem installiert. Dieser Sound Booster arbeitet jedoch unabhängig vom Abgasstrang und übertönt im Prinzip den „echten" Sound der Auspuffanlage. Die vermutlich spannendste Frage ist aber, ob ein Soundmodul legal nachrüstbar ist, denn einige Fahrzeuge besitzen so ein Bauteil ja bereits ab Werk. Schauen wir uns diesen Sachverhalt doch einfach mal an ...

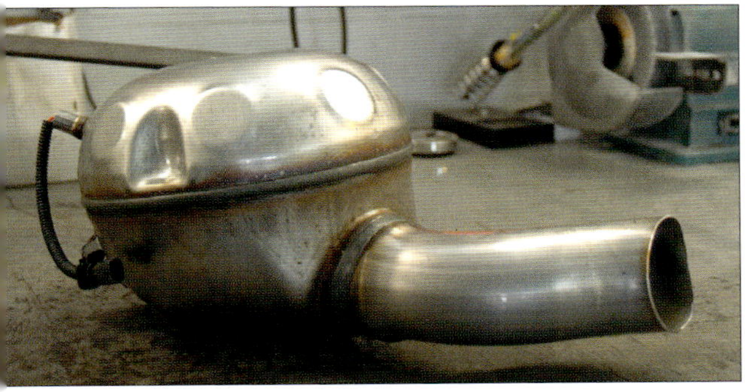

Der meist in der Reserveradmulde montierte Sound Booster simuliert einen großvolumigen Motor (V6/V8) bzw. entwickelt eine ganz eigene Soundcharakteristik. Das Resonanzrohr wird durch ein ca. 60 mm großes Loch nach außen geführt.

Es gab eine Zeit, zu der waren Soundgeneratoren sogar zulässig. Es ergab sich aber relativ schnell, dass sich diese leicht manipulieren ließen, was auch umfangreich genutzt wurde. Laut dem Verkehrsblatt 5/2018 des Bundesverkehrsministeriums widersprechen diese Generatoren jedoch den Anforderungen nach §30 Abs.1 Nr.1 („... im verkehrsüblichen Betrieb niemanden schädigt oder mehr als unvermeidbar gefährdet, behindert oder belästigt ...") und §55 („... ohne sie zu erschrecken und andere mehr als unvermeidbar zu belästigen ...") der StVZO, mit der Folge, dass die Betriebserlaubnis erlischt. Ausgenommen sind geräuscharme Elektro- und Hybridfahrzeuge, die einen Soundgenerator wiederum zum Schutze der Umwelt und ihrer Mitmenschen weiterhin nutzen dürfen.

Fahrzeuge, die bereits ab Werk mit einem Sound Booster ausgestattet sind, stehen unter aufmerksamer Beobachtung der „Rennleitung". Eine Klappenanlage in Verbindung mit einem Generator darf ab sofort in allen Fahrsituationen wie bspw. der Beschleunigung also nicht lauter sein als in dem Fahrmodus, in dem die ECE-Genehmigung für den Generator erteilt wurde. Da diese Auflagen kaum bis gar nicht erfüllbar sind, wurden die ECE-Genehmigungen für den synthetischen Sound zurückgezogen oder laufen in ihrer Gültigkeit aus. Kurz und knackig bedeutet das: Ein Sound Booster oder ein Active Sound-Modul sind prinzipiell nicht mehr zulässig und somit auch nicht mehr eintragungsfähig.

Sportluftfilter & Co.

Neben der klassischen Sportauspuffanlage erfreuen sich Sportluftfilter, Airboxen und Powerrohre in der Tuning-Szene sehr großer Beliebtheit. Grundsätzlich werden diese Komponenten genutzt, um dem Motor das Ansaugen von Frischluft zu erleichtern, mit dem Ziel einer Optimierung der Motorleistung. Leider bringt die Montage einer dieser Komponenten allein keinen spürbaren Leistungszuwachs. An dieser Stelle bleibt zu sagen, dass bei der Montage eines Sportluftfilters, einer Airbox oder eines Powerrohrs immer durch eine Geräuschmessung nachgewiesen werden muss, dass die zulässigen Grenzwerte der Geräuschemission nicht überschritten werden. Auch die Behauptung, dass man einen Sportluftfilter NUR in Kombination mit der Serienabgasanlage eintragen kann, stimmt so nicht: Auch hier entscheidet am Tagesende die Geräuschmessung über den Sieg oder die Niederlage beim Termin in der Prüfstelle.

„Bitte mal tief einatmen": Offene Luftfilter sollten so montiert werden, dass sie möglichst wenig heiße Luft ansaugen.

Tuner-Freuden: Ein aufgeräumter Motorraum, garniert mit Powerrohren und einem offenen Luftfilter für eine verbesserte Frischluftzufuhr.

Offene Sportluftfilter gab es auch schon damals für die Weber-Doppel-Flachstrom-Vergaser. Ein leichter äußerlicher Ölfilm verstärkt die Filterwirkung.

Die Geräuschmessung

Generell darf man diverse Bauteile der Abgasanlage verändern und auch optimieren, jedoch niemals manipulieren! Neben den üblichen Papieren ist die Grundlage dafür in den meisten Fällen eine Geräuschmessung, um die Einhaltung der gesetzlichen Grenzwerte festzustellen. Aber auch hier gibt es Unterschiede.

Bei einer Verkehrskontrolle zücken die Beamten beim Verdacht auf eine AGA-Manipulation das Handy und starten die „Dezibel-App". Dass dieses Messverfahren zur Ermittlung des Standgeräuschs nicht rechtskräftig ist, brauchen wir vermutlich nicht weiter ausführen. Hier geht es lediglich um die mögliche Bestätigung des Verdachts einer Manipulation. Sollte sich der Verdacht durch die „Lärm-App-Messung" bestätigen, indem hier Werte erreicht werden, die Jenseits von Gut und Böse liegen, geht es in diesem Fight aber schnell in die nächste Runde – denn dann wird „angezweifelt".

Eine Standgeräuschmessung dient zur ersten Einschätzung, ob das gesetzlich reglementierte Fahrgeräusch eingehalten wird. Aber wie genau ermittelt man diesen Wert, wann ist eine Fahrgeräuschmessung erforderlich und was kostet letztendlich der Spaß, wenn man im Zuge einer Veränderung diese Messung benötigt, um seine Umbauten am Abgasstrang legal eingetragen zu bekommen? Um euch diese Fragen sachlich, fachlich und verständlich zu erklären, kann Heiner Manthey – TÜV-Sachverständiger meines Vertrauens und nebenbei

auch Co-Autor des Buches – für Klarheit sorgen:

Schauen wir uns einmal an, was alles notwendig ist, um eine Abgasanlage eintragen zu können. Der erste Knackpunkt ist die Abgasbehandlung. Diese muss original bleiben oder aber adäquat ersetzt werden. Für diesen Nachweis ist allerdings ein Abgasgutachten aus dem Abgaslabor notwendig. Da können schnell mal 2000 Euro auf der Rechnung stehen. Daher werden die meisten Abgasanlagen erst ab Katalysator angeboten. Relevant sind dann nur noch das Geräuschverhalten und die Auswirkung auf die Leistung. Hat die Anlage nämlich einen größeren Durchmesser, sinkt im Normalfall der Gegendruck und die Leistung steigt.

Für das Geräuschverhalten ist ausschließlich das Fahrgeräusch maßgeblich. Dieses findet ihr im Fahrzeugschein im Feld U.3. Wie das Fahrgeräusch gemessen wird, könnt ihr weiter unten lesen. Das Fahrgeräusch ist gem. ECE R51 bzw. 70/157/EWG reglementiert, wobei das Standgeräusch immer die zugehörige Vergleichsgröße darstellt. Im Klartext: Zuerst wird das Fahrgeräusch gemessen, anschließend das zugehörige Standgeräusch. Letzteres ist nicht reglementiert. Es dient lediglich dazu, bei einer Kontrolle das Geräuschverhalten beurteilen zu können, ohne den Aufwand einer Fahrgeräuschmessung zu durchlaufen. Wenn das in Feld U.1 eingetragene Standgeräusch mit einer Toleranz von 5 dB(A) eingehalten wird, geht man davon aus, dass das Fahrgeräusch passt. Dieses gilt aber nur im Fall einer Kontrolle, da bei der Eintragung die Einhaltung des Fahrgeräusches nachgewiesen und das zugehörige Standgeräusch ermittelt wurde.

Wie läuft eine Standgeräuschmessung ab?

Für jede Geräuschmessung müssen die Umgebungsparameter passen. Die Messung darf nicht in der Nähe

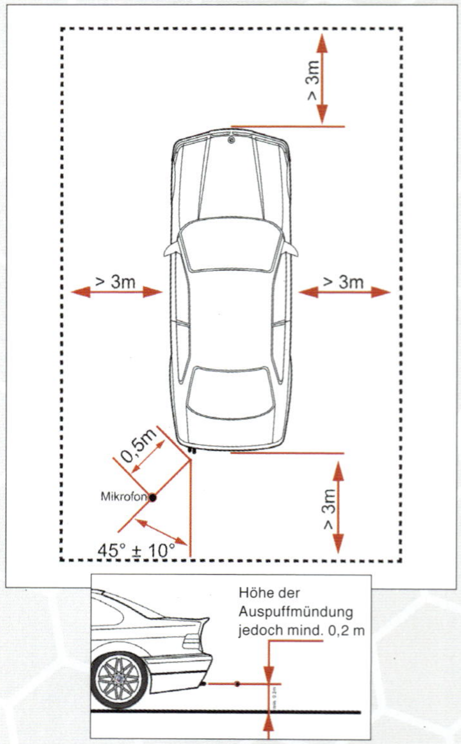

von Wänden stattfinden, da diese den Schall verändern können. Außerdem müssen das Umgebungsgeräusch möglichst gering, der Untergrund fest und trocken und es muss nahezu windstill sein. Für die Standgeräuschmessung wird dann das Messgerät in einem Abstand von einem halben Meter zur Auspuffmündung im Winkel von 45 Grad in Position gebracht. Anschließend gibt man Gas, bis die Messdrehzahl erreicht ist. Diese wird kurz gehalten, um anschließend abrupt das Gas wegzunehmen. Dieser Vorgang wird 3 Mal wiederholt. Der maximale gemessene Wert pro Durchgang wird notiert. Der Durchschnitt aller drei Werte ist das Standgeräusch.

Wie läuft eine Fahrgeräuschmessung nach ECE R51 ab?

Hier ist der Aufwand wesentlich höher. Die Messung darf generell nur auf einer zertifizierten oder genehmigten Prüfstrecke durchgeführt werden. Die Grundbedingungen von Trockenheit und wenig Wind müssen ebenfalls wieder erfüllt sein. Die Messtrecke hat eine Länge von 20 m. Nach 10 m wird im 90 Grad Winkel zur Messstrecke im Abstand von 7,5 m zur Fahrbahnmitte in 1,20 m Höhe der Messkopf aufgestellt. Anschließend wird mit 50 km/h im dritten Gang (je nach Getriebe auch 2. und 3. Gang) der Startpunkt der Messstrecke angefahren. Ab hier wird voll beschleunigt und am 20-m-Punkt das Gas abrupt weggenommen. Diese Messung wird je zwei Mal in beide Fahrtrichtungen durchgeführt. Der Mittelwert aller Messungen ist der Gesamtmesswert, welcher maximal 74 db(A) betragen darf.

Die Grundlage für die Geräuschmessungen ist der §49 der StVZO, der auf die entsprechenden EG-Richtlinien verweist.

Sind die Geräuschwerte im Grenzwert, muss die Abgasanlage natürlich noch ordentlich verbaut sein. Die Anlage darf nirgendwo anliegen und die Karosserie nicht übermäßig erwärmen. Der originale Hitzeschutz muss erhalten bleiben oder adäquat ersetzt werden.

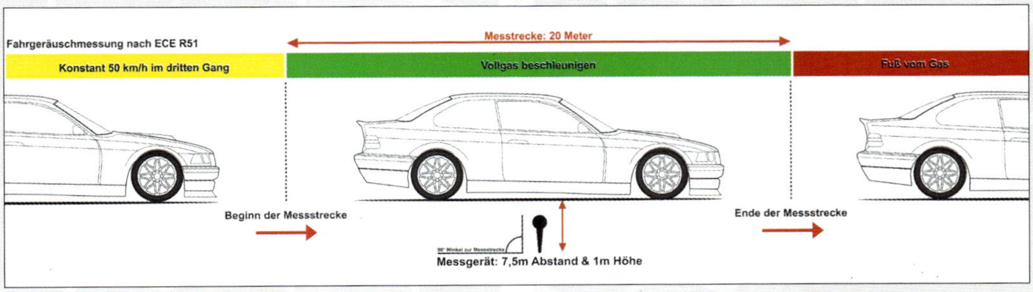

BODYKITS, ANBAUTEILE, STICKER & KAROSSERIE

THE „BREIT" SIDE OF LIFE

Sind wir mal ehrlich: Bereits im Jugendalter gab es nach der Schule nichts Genialeres, als die „Playsi" anzuschmeißen und bei „Need for Speed" dem Hobel die abartigsten Bodykits und Anbauteile zu verpassen, die bereits freigeschaltet waren. Und auch Paul Walker hat mit der wohl legendärsten Tuning-Filmreihe aller Zeiten sicherlich seinen Anteil an der anhaltenden Beliebtheit dieser Styling-Elemente beigetragen.

Das Problem dabei ist, dass einige Tuner tatsächlich glauben, dass ein Spoiler mangelnde Leistung kompensieren könnte und phantasieren von +50 PS Mehrleistung. Das ist natürlich absoluter Blödsinn – einzig und alleine die Optik und die Fahreigenschaften können durch gut aufeinander abgestimmte Anbauteile optimiert werden. Eine höhere Geschwindigkeit ist möglich, aber die Maßnahmen sind kein Ersatz für mehr Leistung.

Die Idee des ersten Spoilers kam bereits in den 1950er Jahren auf, als man versucht hat, dem erheblichen Auftrieb an der Vorderachse beim VW Käfer entgegenzuwirken. Spoiler, Flügel und andere aerodynamische Helferlein haben grundsätzlich die Aufgabe, den Auftrieb der Karosserie durch die sie umströmende Luft zu reduzieren und/oder optimal zu leiten. Durch diese Optimierung des Luftstroms erhöht sich andererseits der Abtrieb und es kann mehr Motorleistung auf die Straße gebracht werden. Auch die Kurvengeschwindigkeit und die allgemeine Fahrstabilität verbessern sich.

Grundsätzlich unterscheidet man zwischen dem Front-/Bugspoiler, der den Luftwiderstand und den Auftrieb an der Vorderachse senken soll, und dem Heckspoiler, der hauptsächlich für die Erhöhung des Abtriebs an der Hinterachse verantwortlich ist.

Flügelmonster: Schönheit liegt bekanntlich im Auge des Betrachters, aber die technische Legalität darf hier durchaus angezweifelt werden ...

Schönes Werks-Tuning am Wörthersee: Im Mai 2015 präsentierte Audi – inspiriert vom Audi 90 IMSA GTO der späten 1980er Jahre – den 600 PS starken TT clubsport turbo concept mit Straßenzulassung.

Die Zubehörkataloge diverser Firmen bieten darüber hinaus eine Vielzahl verschiedener Anbauteile, wie Hutzen, Dachspoiler und Flaps. Deren Ausführungen und Wirkung im Detail aufzuführen, würde hier zu weit führen. Letztendlich ist die alles entscheidende Frage: Was ist legal und welche Teile sollte man besser nicht montieren?

ANGZWFLT.

PRAXISTIPP

Für Lufthutzen, -einlässe oder -auslässe gilt, dass in jedem Fall der laut ABE oder Teilegutachten festgelegte Verwendungsbereich eingehalten wird. In den Unterlagen wird die Einbauposition solcher Parts genau definiert.

Wer sich beispielsweise selbst Lufteinlässe oder Kiemen in den Kotflügel schneiden möchte, der muss darauf achten, dass keine abstehenden oder scharfen Kanten sichtbar und spürbar sind. So ein Vorhaben im besten Fall immer mit dem Prüfer seines Vertrauens im Vorfeld absprechen!

Die „Katzentreppe" am Heck und die seitlichen Lamellen sind zeitgenössisch.

Gegenwart trifft Vergangenheit: Dieser originale M4-Powerdome vereinigt sich – nach umfangreichen Karosseriearbeiten – perfekt mit der Motorhaube eines E36 ...

Harter Materialeinsatz beim Drift-Sport: Dank des Befestigungssystems kann Ersatz schnell montiert werden.

Spoiler, Widebody Kits & die GFK-„Bomber"

Heute besser bekannt als RWB (Rauh Welt Begriff), LB (Liberty Walk) oder RB (Rocket Bunny) – jeweils die Kürzel der japanischen Hersteller –, werden diese Breitbauten mittels Nieten an der Karosserie befestigt. Die Idee hinter dieser Montageart kommt ursprünglich aus dem Driftsport, wo nach einem Walltap (Kontakt mit der Bande) die Teile auf diese Art schnell und unkompliziert getauscht werden können. So leitet sich auch die Bezeichnung „bolt-on over fenders" ab, gleichbedeutend mit „angeschraubte/angenietete" Kotflügelaufsätze.

RWB steht für Rauh Welt Begriff, dem Unternehmen der japanischen Tuning-Ikone Akira Nakai San. Hier entstehen sehr exklusive und individuelle Breitbau-Kits für Porsche 911 der Baureihen 930, 964 und 993. Nicht jeder bekommt einen Umbausatz zugeteilt ...

Tuning Car By Tofugarage: Nissan 200 SX (S14) mit Rocket Bunny Boss V2 Widebody-Kit.

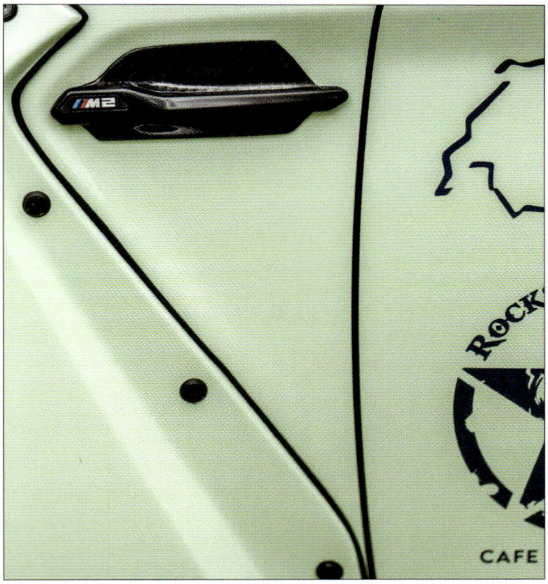

Z-Performance bietet für den BMW M2 ein achtteiliges GFK-Breitbau-Kit an. Zudem sind Frontlippe, Seitenschweller, Spiegelkappen, ein dreiteiliger Diffusor und der Heckflügel aus Carbon gefertigt. Achja: Farbe der Folierung ist Pastell Pistazie. (Siehe auch S. 112)

Heute werden so veredelte Fahrzeuge weniger im Driftsport eingesetzt, sondern dienen lediglich als Showfahrzeuge. Leider ist es nicht immer einfach, so einen Widebody legal auf die Straße zu bekommen, da es bei diesen Importteilen oft an den für die Eintragung erforderlichen Dokumenten scheitert. Für den Fall, dass ein Teilegutachten vorliegt, könnt ihr natürlich mit relativ gutem Gewissen bei der Prüfstelle vorfahren und den Umbau abnehmen lassen. Mit einem reinen Materialgutachten wird die Nummer schon schwieriger, denn dann erfordert die Eintragung immens viele Zusatzprüfungen. Ohne Papiere kann man sich die Spritkosten für die Ausfahrt zur Prüfstelle direkt sparen und das Projekt entweder verwerfen oder eine Trailerqueen bauen, die nur dank Auflieger über die Straßen rollen darf.

Alle Breitbau-Projekte haben eines gemeinsam: hohe Kosten. Ein namhaftes Bodykit mit Gutachten ist nicht gerade für wenig Geld zu haben; notwendige Prüfungen, die für das Teilegutachten absolviert werden müssen, belasten zusätzlich das Budget. Dazu kommen noch weitere „Folgekosten" wie breitere Räder, bei denen selbstverständlich auf Zulassungsfähigkeit geachtet werden muss (siehe Kapitel 3). In diesem Zusammenhang ebenfalls wichtig: Bei allen Maßnahmen zur Verbreiterungen müsst ihr immer im Blick haben, dass die maximal zulässige Fahrzeugbreite von 2,55 m nicht überschritten werden darf. Das gilt auch für die Spurverbreiterung

Mit handwerklichem Geschick sind der Kreativität keine Grenzen gesetzt – zumindest bis zur nächsten HU.

Geldsparen: Schöne Teile aus China sind ohne die passenden Papiere hierzulande leider verboten.

Um bei Carbon-Parts eine perfekte Oberfläche zu erzielen, verwenden die Hersteller transparenten Spachtel und viel Klarlack.

des Fahrzeugs (max. 2 % Abweichung zum Serienwert), denn sonst wird ein weiteres Festigkeitsgutachten notwendig.

PRAXISTIPP

Vorsicht vor dem bunten Angebot in der „Bucht": Egal aus welchem Land der Welt die im Verhältnis zu kompletten Bodykits namhafter Hersteller sehr erschwinglich erscheinenden GFK-Kits oder fahrzeugspezifischen Kotflügelverbreiterungen kommen – es führt auch hier kein Weg an einem Teilegutachten oder einem Materialprüfbericht vorbei. Diese Dokumente sind unverzichtbar, um unter anderem das Bruch- und Splitterverhalten sowie die Materialstärke der betreffenden Teile nachzuweisen. Es geht schließlich nicht nur um Optik, sondern auch um die Sicherheit. Also: Im Vorfeld immer gut informieren, sonst wird's teuer.

Kurz ein Wort zu Eigenbauten: Handwerklich begabte Zeitgenossen werden die Frage stellen, ob man nicht einfach selbst ein legales Bodykit bauen kann. Die Antwort darauf lautet: JEIN. Besonders im Bereich der älteren Fahrzeuge kommt es immer wieder vor, dass Eigenbauteile im Bereich des Karosseriekleides zu finden sind. Dies war oder ist tatsächlich bei Fahrzeugen bis Baujahr 2003 auch grundsätzlich nach Durchführung einiger Sach- und Materialprüfungen oder nach Vorlegen von Nachweisen einfacher möglich. Ab jenem Jahr wurde nämlich für die Grundhomologation der Neufahrzeuge eine Fußgängerschutzprüfung eingeführt – der Grund dafür, dass die Prüfung von Eigenbauteilen für modernere Fahrzeuge deutlich umfangreicher und für den Privatmann nahezu unbezahlbar ist.

Darum an dieser Stelle wieder mal mein mantraartiger Aufruf: Besprecht euer Projekt mit dem Sachverständigen eures Vertrauens. Er kann sagen, was geht und was nicht. Alle Auflagen sind im VdTÜV Merkblatt 744 festgeschrieben und definieren klar, welche Form, Maße und welches Gewicht solche Anbauteile haben dürfen. Wenn das Splitter- und Bruchverhalten belegt sowie ein Nachweis für die unveränderte oder optimierte Aerodynamik erbracht sind, kann unter Umständen eine Eintragung von Eigenbauteilen erfolgen – sofern nach Ermessen des Prüfers diese sachgemäß und sicher angebaut sind.

Aerodynamik in DIY-Style: Dafür gibt es vom Prüfer nicht einmal ein müdes Lächeln – keine ABE, keine Gutachten, keine Eintragung.

ANGZWELT.

PRAXISTIPP

Wer alle Bestimmungen im Einzelnen nachlesen möchte, der kann sich für rund 20 Euro hier das VdTÜV Merkblatt 744 runterladen.

Ohne Eintragung gefährdet ihr neben der Betriebserlaubnis im Schadensfall auch noch den Versicherungsschutz eures Fahrzeugs.

Bodywork Facts

Beim Kauf eines **Frontspoilers** muss immer darauf geachtet werden, dass die Mindestbodenfreiheit nicht unterschritten wird. Viele Billig-Hersteller ziehen die Teile soweit nach unten, dass eine Eintragung in Kombination mit einer satten Tieferlegung erst gar nicht möglich ist.

Heckspoiler- und -flügel dürfen keine scharfen Kanten aufweisen und müssen technisch so konzipiert sein, dass ihr Splitter- und Bruchverhalten den gesetzlichen Vorgaben entsprechen. Dies lässt sich über die Wahl des richtigen Materials definieren und sicherstellen. Ein Heckflügel aus Holz wäre an dieser Stelle sicherlich keine Option, ebenso wenig wie Alu oder dergleichen – hier ist das Verletzungsrisiko im Falle eines Personenunfalls zu groß. Faustformel: Wenn euer Heckflügel nicht über die Breite und Höhe eures Fahrzeugs hinausragt, seid ihr schon mal auf dem richtigen Weg.

Auch **Seitenschweller** dienen in erster Linie der Optik und dürfen keinesfalls scharfkantig sein. In Kombination mit einer optimierten Stoßstange und einer Heckschürze, kann die Aerodynamik positiv beeinflusst werden. Dennoch muss auch hier im Bereich der StVZO die Bodenfreiheit gewährleistet bleiben.

Über Geschmack lässt sich bekanntlich nicht streiten; genauso wenig wie über die Legalität dieser Pseudo-Downforce-Flügel – denn dafür gibt es klare Bestimmungen.

„Kirmes-Teil": Hier fällt schon die mehr als stümperhafte Befestigung unter dem Heckdeckel ins Auge …

Rund und tief – und eine reinrassige Trailer-Queen.

Kombination aus deutscher Ingenieurskunst und japanischer Ästhetik: So präsentierte der US-Tuner Bulletproof seinen BMW Z4 (E89) GT Continuum – leider alles ohne TÜV-Segen.

Generell gilt: Alle Karosseriebauteile müssen zu jedem Zeitpunkt fest und sicher am Fahrzeug verbaut sein. Viele Anbauteile tragen übrigens ihre Seriennummer oder Kennzeichnung an Stellen, die nach der Montage nicht mehr wirklich oder nur sehr schwer einsehbar sind. In so einem Fall empfiehlt es sich, die vollständige Dokumentation dieser Teile zusammen mit einigen aussagekräftigen (scharfen!) Bildern, auf denen die Nummern erkennbar sind, im Handschuhfach mitzuführen. So wird die nächste Kontrolle deutlich entspannter.

Egal, ob GFK-Frontschürze (Bilder links) oder Anbauteile aus Kohlefaser: Beim Kauf stets auf Qualität und die entsprechenden Gutachten oder ABE achten!

Auf das Material kommt es an – ABS, GFK, Carbon & Co.

Im Bereich der Bodykits und Anbauteile werden heutzutage verschiedenste Werkstoffe eingesetzt. Der Gängigste ist sicherlich ABS (Acrylnitril-Butadien-Styrol Copolymer). Thermoplastische Kunststoffe wie ABS werden insbesondere wegen ihrer Gestaltungsmöglichkeiten gerne für die Herstellung individueller Karosserieteile verwendet. Aus diesem Kunststoff kann nahezu jedes Anbauteil problemlos, robust und formschön gestaltet werden. Normalerweise sind sämtliche Anbauteile wie Front- und Heckschürzen, Seitenschweller, Dachspoiler etc. aus hochwertigstem ABS gefertigt. Die Herstellung (Thermoformen) geschieht mittels einer Tiefziehmaschine: Über die Positivform des Bauteils wird eine ca. 160° bis 180° Celsius warme ABS-Kunststoffplatte mit Hilfe eines Vakuums gezogen. Überstehende Ränder werden abgefräst oder abgesägt und die Kanten entgratet. Fertig ist das Anbauteil!

Aufwändiger ist die Fertigung von GFK-Teilen. Glasfaserverstärkter Kunststoff ist ein Faser-Kunststoff-Verbund, der seine maximale Endfestigkeit durch Beimischen von Polyesterharz oder Epoxidharz erreicht. Beim Herstellungsprozess werden Glasfasermatten in eine Negativform gelegt und mit Harz getränkt. Nach dem Aushärten trennt man die Form vom Abdruck und erhält sein Bauteil.

Wenn man sich den Zubehörmarkt etwas genauer anschaut, wird man schnell feststellen, dass ein Bodykit aus hochwertigem ABS-Kunststoff immer etwas teurer erscheint als die GFK-Variante aus Osteuropa. Der Grund dafür ist relativ einfach: Namhafte Firmen verfügen in der Regel über ein Qualitätsmanagementsystem und können so sicherstel-

The Performance Company war 2016 mit dem 250 PS starken Liberty Walk LB Stance Works Mini Cooper S (R56) am Wörthersee: Das AirRex Luftfahrwerk senkt die Karosse über die dreiteiligen, 17-zölligen 3SDM-Räder.

Finger weg: Anbauteile ohne ABE kosten nur unnötig Geld und dienen allenfalls als Deko-Elemente im heimischen Schrauberparadies.

len, dass beispielsweise alle Stoßstangen unter identischen Bedingungen produziert und dabei alle nötigen Auflagen an die Fertigung und die Werkstoffqualität eingehalten wurden – ein wichtiges Kriterium für ein Teilegutachten oder eine ABE.

Bei billig produzierten GFK-Teilen wird das Ganze etwas schwieriger, denn auch hier müssten Nachweise über die Materialgüte (Stärke und Splitterverhalten) erbracht werden. Aus finanziellen Gründen können dies in der Regel nur namhafte Hersteller sicherstellen. Bei Verbundwerkstoffen ist entscheidend, wie viele Lagen von Matten verarbeitet wurden. Jede Lage verstärkt das geformte Kunstwerk, erhöht aber auch das Gewicht. Grund genug für viele Billighersteller, an der Materialstärke zu sparen, was immer zu Lasten der Stabilität geht. Anbauteile wie Türen, Heckdeckel, Motorhauben und Kotflügel verfügen in der Regel über keinerlei Gutachten und sind nicht eintragungsfähig – also eine sinnlose Anschaffung.

Damit kommen wir zu einem der hochwertigsten – also auch teuren – Werkstoffe im Automobilbau: Kohlefaser. Bei diesem Verbundwerkstoff – auch Carbon oder CFK genannt – sorgen wie bei GFK mehrere Matten aus geflochtenen Fasern für die Stabilität. Unter der Einwirkung von Vacuum und Wärme härten die mit Harz getränkten Kohlefasern auf der Form aus: Es entsteht ein Bauteil mit extremer Belastbarkeit bei gleichzeitig geringstem Gewicht. Ein idealer Werkstoff für den Motorsport.

Bei Kohlefaserteilen unterscheidet man zwei Gruppen: Sichtcarbon beschreibt ein Bauteil, das „nur" mit einer Schicht Carbon überzogen ist. Neben edler Optik und Haptik der Oberfläche, punkten diese Teile vor al-

Maximale Eskalationsstufe: Bei so aufwändigen Umbauten sollte ein anerkannter Prüfer von Projektbeginn an mit einbezogen werden.

lem durch den (vergleichsweise) günstigen Anschaffungspreis. Der Nachteil besteht ganz klar darin, dass das Gewicht des Anbauteils nicht mit Vollcarbon zu vergleichen ist. Unter „Vollcarbon" verstehen wir ein extrem belastbares Teil, dessen Produktion sehr kostenintensiv und zeitaufwändig ist. Um für ein Carbon-Teil eine Zulassung oder ein Gutachten für den Straßenverkehr zu bekommen, muss der Hersteller aufwändige Tests nachweisen. Voraussetzung für die spätere Produktion ist das schon angesprochene Qualitätsmanagementsystem (QMS), nur so kann garantiert werden, dass alle Bauteile immer unter identischen Bedingungen gefertigt werden. Die Materialbeschaffenheit und die Qualität des Bauteils werden durch diverse Kugelfall-, Biege- und Schlagversuche nachgewiesen. Außerdem muss natürlich auch das Splitterverhalten geprüft werden. Wenn alle diese Tests erfolgreich bestanden wurden, kann mit Hilfe des Materialgutachtens eine Eintragung des Bauteils nach §21 StVZO bei der Prüfstelle erfolgen. In einigen Fällen gibt es auch das klassische Teilegutachten.

Am problemlosesten klappt der Austausch diverser Originalteile wie beispielsweise Flaps oder Ansätze, wenn das Aussehen des Bauteils (Bauweise und Maße) nicht verändert wird und das optische Tuning keine Auswirkung auf die Aerodynamik und die Fahreigenschaften hat.

Allgemeines zur Karosserie – von Abschleppvorrichtung bis Scherentüren

Tuning an der Karosserie bedeutet nicht nur die Montage eines Flügels oder diverser Verbreiterungen, sondern beinhaltet noch andere Aspekte. Dass für Front- und Heckschürzen am besten eine ABE oder eine Teilegutachten vorliegen sollte, hatten wir ja eben schon besprochen. Einem Detail gebührt in diesem Zusammenhang etwas mehr Aufmerksamkeit, denn zu gerne wird es außer Acht gelassen oder mit billigen Race-Gittern überdeckt: die **Abschleppvorrichtung**. Alle Mehrspurigen

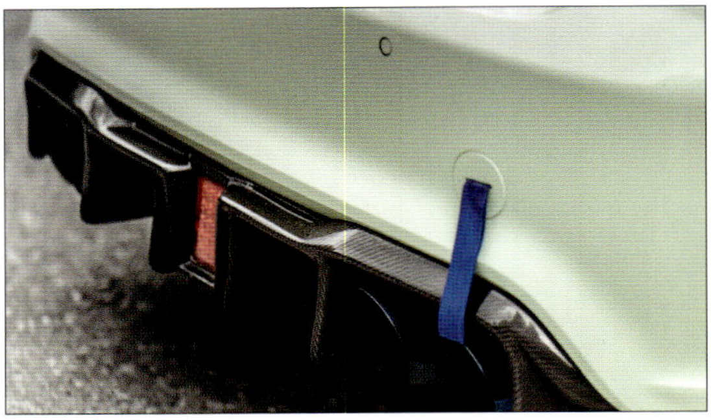

Auch für diesen CFK-Diffusor müssen die passenden Papiere vorliegen.

Neues aus der Rubrik „Heck-Ansichten eines Tuners": Für die Positionierung der Endrohre gibt es ebenfalls Vorschriften.

Kraftfahrzeuge mit mehr als einer Achse müssen vorne stets eine Abschleppeinrichtung vorweisen, an der man einen Abschlepphaken oder ein Abschleppseil befestigen kann. Sollte in den Fahrzeugpapieren eine Anhängelast aufgeführt sein, benötigt man sogar hinten eine entsprechende Vorrichtung.

Ein optisches Highlight am Heck ist aber nicht die Abschleppvorrichtung, sondern es sind die **Endrohre**. Zwar gehört dieses Bauteil ja prinzipiell eher in die Kategorie „Abgasanlagen", jedoch geht es hier nicht um den Sound, sondern darum, wie weit diese Teile unter der Stoßstange herausstehen dürfen.

Unvorteilhaft: Hier wurde die vordere Abschleppvorrichtung im Zuge der optischen Veränderung „weg-gecleaned".

Kurz: Die Rohre dürfen nicht über die Überhangmaße der Heckschürze herausragen und den äußersten Punkt des Fahrzeugumrisses überschreiten.

Auch ein beliebtes Thema ist der so genannte **„Böse Blick"**. Diese Scheinwerferblenden werden meistens mit einer ABE angeboten, die bestätigt, dass die Leuchtwirkung der Scheinwerfer nicht beeinträchtigt wird und alle Auflagen (z. B. maximal zulässiger Vorsprung: 30 mm; Krümmungsradius mindestens 2,5 mm) erfüllt sind.

Immer noch angesagter Tuning-Trend: der böse Blick – allerdings hier in einer illegalen Variante mit massiv beeinträchtigter Leuchtwirkung.

Legal: Beim Peugeot 206 „Blue Lion" sind alle Auflagen erfüllt – nicht nur bei der Frontgestaltung.

Uncool: Diese raustehenden Nabendeckel sind allenfalls für Showzwecke geeignet.

Im Bereich der Felgen sollte ebenfalls auf ein Detail besonders geachtet werden: Die **Radmuttern und Bolzen** müssen immer in ihren Sitz an der Felge passen und sollten die richtige Länge für eine sichere Montage am Fahrzeug aufweisen. Sind sie zu lang, können sie an der Nabe schleifen – sind sie zu kurz, ist das Rad nicht fest genug verschraubt. Sie dürfen aber mit ihrer Außenkante auch nicht aus der Felge rausstehen.

Irgendwelche spitzen **Nabenabdeckungen** sind nur solange cool, wie sie nicht über die Außenfläche der Felge rausstehen – denn dann sind sie aufgrund einer erhöhten Verletzungsgefahr verboten.

Ein Trend, den ich persönlich sehr sexy finde, der jedoch in Deutschland noch nicht wirklich angekommen ist, sind so genannte **„Spinners"**. Spinning Wheels sind radkappenähnliche Konstruktionen, die den Anschein erwecken, als würde sich das Rad im Stand des Fahrzeugs trotzdem weiterdrehen. Sieht stylisch aus, haben die Amis in 24 Zoll und grösser, sind aber in Deutschland nach §30 StVZO wegen der Verletzungsgefahr grundsätzlich verboten.

US-Mode: So genannte Spinners sind in Deutschland verboten.

Ohne jegliche Zulassung in Deutschland: Billige Radkappen-Spinners aus dem örtlichen Baumarkt oder der „Bucht".

Bei **Türgriffen** stellt sich die Frage, was alles gecleaned werden darf und was nicht. Jeder wird schon mal einen Umbau gesehen haben, bei dem KEINE äußeren Türgriffe mehr vorhanden waren – auch wenn diese Form des optischen Tunings heute nicht mehr so verbreitet ist, wie früher. Ob man einen Türgriff mit dazugehörigem Schließmechanismus einfach entfernen oder umsetzen darf, wird seit vielen Jahren heiß diskutiert. Es gibt nämlich keine Vorschrift oder Richtlinie dazu, ob ein Türgriff zwingend vorhanden sein muss. Jedoch gibt es Richtlinien und Vorgaben darüber, wie eine Tür grundsätzlich zu funktionieren hat. Der §35 e der StVZO sagt dazu, dass sich eine Tür niemals unbeabsichtigt während der Fahrt öffnen darf, jedoch sichergestellt sein muss, dass diese bei Gefahr oder einem Unfall jederzeit von einem Erwachsenen von innen und außen zu öffnen sein muss. Ob man hierfür einen Türgriff unbedingt benötigt oder nicht, ist nicht explizit aufgeführt. Fakt ist jedoch, dass diese bauliche Veränderung auf jeden Fall abgenommen werden muss – mit der Folge, dass der Prüfer eine Eintragung ablehnen kann. Unabhängig von der Legalität eines solchen Umbaus: Denkt daran, dass es im Notfall die Ersthelfer und auch die Rettungskräfte deutlich schwerer haben, ins Fahrzeug zu gelangen, wenn es keinen klassischen Griff mehr gibt, der den Schließmechanismus entriegeln kann.

Bleiben wir noch etwas beim Bauteil Türe: Ich erinnere mich noch gut an die Zeit, als ich an meinem BMW die **LSD (Lambo Style Doors)** verbaut hatte. „Flügeltüren" waren in den frühen 2000er Jahren der absolute Trend in der Szene. Heute sieht man

Keine Flügeltüren: Bei den Lambo Style Doors – kurz LSD genannt – handelt es sich technisch gesehen um Scherentüren.

sie ab und zu noch bei schicken Roadstern oder Cabrios und bevorzugt bei asiatischen Modellen. Aber echte Flügeltüren, wie man sie vom Mercedes-Benz 300 SL kennt, sind ja bekanntermaßen am Dachbereich des Fahrzeugs montiert und öffnen sich senkrecht. Das, was wir als „Flügeltüren" bezeichnen, sind eigentlich Scherentüren mit Befestigungspunkten im Bereich der A-Säule unter dem Kotflügel und öffnen schräg nach oben. Beim Kauf von Lambo Style Doors muss immer darauf geachtet werden, dass ein Teilegutachten vorliegt, da diese Veränderung zwingend abgenommen werden muss.

Selbstleuchtende Kennzeichen (im Bild die Lösung von G-elumic®) garantieren eine homogene Ausleuchtung des gesamten Kennzeichens und natürlich ein exklusives Design.

ANGZWFLT.

PRAXISTIPP

In jedem Fall empfiehlt es sich, diesen Umbau von einer Fachwerkstatt vornehmen zu lassen. Ich selbst „durfte" die Erfahrung machen, dass eine nur 99-%-Sorgfalt beim Umbau dazu führen kann, dass die Türen nicht mehr richtig ins Schloss fallen, die Spaltmaße nicht stimmen oder es unerwünschte Windgeräusche gibt, da (je nach Fahrzeug) zur Montage der Scharniere auch Teile des Innenkotflügels herausgetrennt werden müssen.

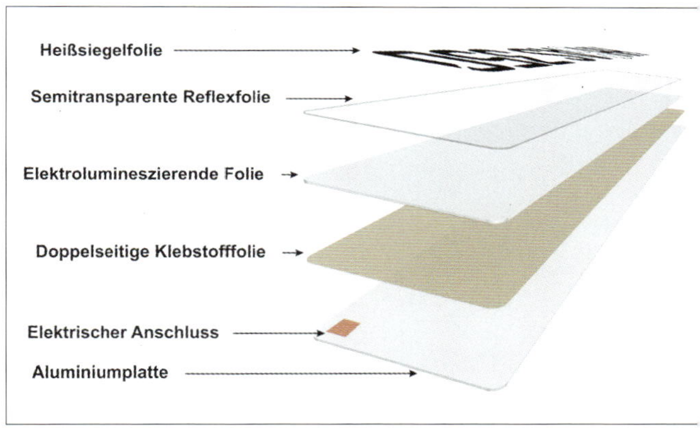

Innovative Funktionsweise mit Strom aus der Bordelektrik: Technisch weiterentwickelte Leuchtfolien (EL-Folien) ermöglichen die Konstruktion dieser neuen Generation von Kennzeichenbeleuchtungen.

Im Zusammenhang mit Bodenfreiheit und Tieferlegung eines Fahrzeugs kommt es immer wieder zu heißen Diskussionen zwischen Tunern, wo und wie ein **Kennzeichen** montiert sein muss. Die Ausgestaltung des amtlichen Kennzeichens ist dabei sogar in der Fahrzeugzulassungsverordnung (FZV) klar definiert und bietet keinerlei Spielraum für Individualisten. Ein Kennzeichen darf auch nicht abgedeckt, überklebt oder optisch aufgewertet werden. Lediglich selbstleuchtende oder 3D-Kennzeichen sind als Tuning zulässig.

Bei **Kennzeichenhalterungen** ist ebenso klar definiert, dass ein Kennzeichen immer rundherum fixiert sein muss. Somit sind Kennzeichenhalter, die das Blechschild nur an zwei Stellen fixieren oft ein Grund für eine Beanstandung. Die beliebten „Magnet-Kennzeichen", die ganz ohne Schraubbefestigungen auskommen, sind nur erlaubt, wenn die Magnete stark genug sind, um eine sichere Befestigung zu gewährleisten (z. B. Neodym-Magnete). Wegfliegende Kennzeichen könnten Passanten verletzen oder den Verkehr gefährden. Teuer wird es, wenn die Kennzeichen an die Frontscheibe geklebt oder auf der Hutablage abgelegt sind, wie es die Kollegen von „Fähnchen Automobile" gern praktizieren.

Die Unterkante des vorderen Kennzeichens muss mindestens 20 cm über der Fahrbahn platziert sein. Bei seitlicher Montage an der Frontstoßstange muss darauf geachtet werden, dass die Ablesbarkeit im Winkel von 30° zur Längsachse gegeben bleibt. Das hintere Kennzeichen muss mit der Unterkante mindestens 30 cm über der Fahrbahn montiert sein und seine Mitte darf nicht rechts zur Fahrzeugmitte versetzt sein – also am besten einfach immer mittig festschrauben!

Selbstverständlich ist ein Kennzeichen eine amtliche Urkunde, welche in keiner Weise verändert oder manipuliert werden darf. Des Weiteren darf ein Kennzeichen nicht einfach willkürlich an andere Fahrzeuge montiert werden, um diese mal schnell von A nach B zu bringen. Wer so auffällt, muss wegen Kennzeichenmissbrauch nach §22 StVG mit Freiheitsstrafe von bis zu einem Jahr oder Geldstrafe rechnen. Gleichzeitig muss man sich unter Umständen auch wegen Urkundenfälschung nach § 267 StGB vor dem Strafgericht verantworten.

Fahrzeugscheiben & Scheibentönung

Wie Scheiben auszusehen haben und welchen Zweck sie erfüllen müssen, ist in der ECE-R 43 genau definiert. Wichtig ist jedoch, dass sämtliche Scheiben abgesehen von Spiegelglas sowie Abdeckscheiben von lichttechnischen Einrichtungen und Instrumenten aus Sicher-

„Living in America": In den USA gelten andere Regeln. Und auch die Geschmäcker sind anders. Das gilt auch für die verschraubten anstatt verklebten Makrolon-Scheiben.

Besonders beliebt bei Ringtools: Scheiben aus Makrolon/Polycarbonat. Beim Kauf unbedingt auf eine vorhandene Prüfnummer achten!

Tuning als Kunstobjekt: Diese Art der Fenstertönung ist natürlich nur für Events gedacht.

heitsglas bestehen müssen. Als Sicherheitsglas gilt Glas oder ein glasähnliches Material, dessen Bruchstücke keine ernsthaften Verletzungen verursachen können. Scheiben aus Sicherheitsglas, die für die Sicht des Fahrzeugführers von Bedeutung sind, müssen klar, lichtdurchlässig und verzerrungsfrei sein.

Scheiben sind ein nicht unwesentlicher Teil der Fahrzeugform und es drängt sich der Wunsch nach Veränderung hier geradezu auf. Wichtig ist bei allen Spinnereien, dass die verbauten Scheiben eine eindeutige Kennzeichnung aufweisen, die ihre Bauartgenehmigung bestätigt. Wenn ihr also beispielsweise überlegt, legale **Makrolon-/Polycarbonat-Scheiben** zu verbauen, dann solltet ihr vor dem Kauf genau auf eine vorhandene Prüfnummer achten. Anderenfalls erlischt nach dem Einbau die Betriebserlaubnis eures Fahrzeugs.

Viele schauen neidisch auf die Straßen in den USA, wo „Batmobile" mit rundum abgedunkelten Scheiben echte Hingucker sind. Bei uns regelt die ECE-R 43 die Intensität der **Scheibentönung**. Und da heißt es, dass grundsätzlich Frontscheibe und alle vorderen Seitenscheiben eine Lichtdurchlässigkeit von mindestens 70% aufweisen müssen. Bei Fahrzeugen mit werksseitig coloriertem Glas wird eine weitere Tönung daher nahezu unmöglich, da eine Restlichtdurchlässigkeit mit einem Gutachten belegt werden müsste. Gleiches gilt auch für geflutete oder lasierte Scheiben. Wenn hier kein Gutachten vorliegt – No Way! Bei den hinteren Seitenscheiben sowie der Heckscheibe ist eine Tönung ohne Weiteres möglich (siehe auch Verkehrsblatt-Verlautbarung Nr. 127 aus dem

Tuning als Werbeobjekt: Auf Ausstellungen und Events sind Größe und Positionierung von Aufklebern kein Thema – aber auch nur dort!

Jahre 1986), sofern ein zweiter Außenspiegel am Fahrzeug montiert ist. Bei der Auswahl der Folie immer darauf achten, dass ein Prüfzeichen vorhanden und dieses auch im angebrachten Zustand stets erkennbar ist.

Ein anderes Reizthema sind **Aufkleber** auf der Frontscheibe. Vom klassischen Blendschutzstreifen über den Scheibenkeil bis hin zur wilden Aufklebersammlung – alles ist bei dieser Spielart vertreten: Die Szene gestattet sich bei diesem Thema selbst unheimlich viel Freiheiten, obwohl eigentlich alles klar geregelt ist: Ein Frontscheibenaufkleber oder auch ein Blendstreifen darf nämlich nicht mehr als 0,1 m^2 Fläche abdecken und nicht tiefer als 10 cm von der oberen Scheibenkante nach unten ragen. Und ja, es spielt dabei keine Rolle, dass die heruntergeklappten Sonnenblenden sich nicht an dieses Maß halten.

Als Richtwert für die 0,1-m^2-Flächen-Regelung könnt ihr euch gerne merken: Bei Scheibenbreite 100/110/125 cm darf der Blendstreifen maximal 10/9/8 cm hoch sein.

Lack & Folierung – Start frei für das Farbenspiel

Bei jedem Tuning-Projekt ist ein gelungenes Lackdesign das markanteste Erscheinungsmerkmal. Schließlich ist eine unverwechselbare Optik die beste Ausdruckweise einer gelungenen Individualisierung. Bei der Frage „Lack oder Folie" bestimmt in der Regel das Budget die Antwort. Besonders bei einem kompletten Neuaufbau bietet sich eher eine Lackierung an, zumal man bei einer „gestrippten" Karosse auch schwerzugängliche Stellen mit neuer Farbe erreicht.

Lange Zeit Trend: Camouflage-Folierung wie an diesem BMW i8.

Aufwändig und auffällig: Das richtige Folien-Design sorgt für großen Wiedererkennungswert.

Unten: Hommage an die gute alte DTM-Zeit: Mercedes-Benz 190 2,5-16 im Boss-Design. Aber aufpassen: Nicht alle Firmen sind begeistert, wenn ihre rechtlich geschützten Logos verwendet werden.

Wir wollen uns an dieser Stelle aber auf die Folienlösung konzentrieren. Hierbei ist der Aufwand – sowohl in finanzieller als auch in handwerklicher Hinsicht – deutlich geringer, was aber nicht heißen soll, dass es weniger Gestaltungsmöglichkeiten gibt. Allerdings spielt auch hier die richtige Materialauswahl eine wichtige Rolle. Der Markt für Folien ist nämlich ähnlich überschwemmt

wie der für Klarglasrückleuchten. Bestes Beispiel: Tuning-Messe. Egal, wo man hier hinschaut – überall Folien zum „Super-Mega-Spezialmessepreis". Dass diese Folien nicht ganz so leistungsstark sind, wie teurere Produkte von Markenherstellern, ist vermutlich klar. Dennoch tragen die Jungs der „Tuning Army" jedes Mal meterweise diese Billigfolien aus

Sound & Shine: Anlässlich der EMS 2019 zeigte Eisenmann Exhaust Systems einen BMW 330i (G20) in einer spektakulären Vollfolierung.

Verboten: In diesem Beispiel ist eine mögliche „Blendeinwirkung" das Problem, durch die der Straßenverkehr gefährdet wird.

Bei diesem Mercedes-Benz S-Klasse-Coupé (C 126) wurde der Glanzgrad so weit reduziert, dass der Wagen nicht spiegelt.

den Hallen. Das Ergebnis von Noname-Folien und der ungeschulten Kompetenz des Anwenders spiegelt sich dann in der Regel in der Qualität der Optik und Langlebigkeit des Ergebnisses wider. Und da sind wir noch lange nicht bei dem Thema, wie man Billigfolie rückstandsfrei wieder entfernt …

Ob matt, glänzend, farbwechselnd oder sogar selbstheilend – wir können uns aus einer Vielzahl verschiedener Car Wrapping Folien die Passende aussuchen. Vorteil der modernen Hochleistungsfolien sind die Luftkanäle auf der Klebeseite, die eine Montage deutlich vereinfachen und so auch Hobby-Tunern relativ leicht ein sehr gutes Ergebnis ermöglichen. Wer sich einfach ein paar Muster oder Streifen auf sein Auto kleben möchte, muss dabei lediglich darauf achten, dass die Folierung nicht den Sichtbereich der Scheiben oder die lichttechnischen Einrichtungen beeinträchtigt. Reflex- und Signalfolie, wie sie von Rettungskräften und der Polizei eingesetzt werden, sind grundsätzlich verboten. Auch Chrom- und andere Hochglanzfolien sind mit Vorsicht zu genießen: Werden andere Verkehrsteilnehmer geblendet, muss das „Glitzer-Tuning" wieder runter vom Lack. Schließlich steht in der StZVO: „ … so gebaut und ausgerüstet sein, dass ihr verkehrsüblicher Betrieb niemanden schädigt oder mehr als unvermeidbar gefährdet, behindert oder belästigt."

Die gute Nachricht gibt´s dieses Mal am Schluss: Weder die Neulackierung noch die Komplett- oder Teilfolierung sind eintragungspflichtig. Allerdings sollte man gerade bei einer Neulackierung den eventuell neuen Farbton in den Fahrzeugpapieren ändern lassen: Im Falle eines Diebstahls sucht die Polizei dann nämlich nach einem Auto in der richtigen Farbe …

ANGZWFLT.

PRAXISTIPP

Augen auf bei der Materialwahl: *Es gibt kalandrierte und extrudierte Wrapping-Folien. In beiden Fällen wird als Grundstoff Plastisole verwendet, ein Granulat, das u. a. die Farbpigmente sowie Additive und Weichmacher enthält. Die kalandrierten Folien sind weich und eignen sich am besten für eine kurzfristige Anwendung. Aufgrund ihrer Dicke lassen sie sich nur schwer schön über Kanten und Sicken ziehen. Die extrudierten (gegossenen) Wrapping-Folien hingegen sind sehr dünn und flexibel und eignen sich deshalb für eine Komplettfolierung (auch 3D-Folierung genannt) deutlich besser – auch wenn sie teurer sind. Generell unterscheidet man den Einsatzzweck von Folien: Farbige bzw. individuell bedruckbare Car Wrapping-Folie ist speziell für Komplettfolierungen gedacht. Für Zierstreifen oder großflächigere Sportstreifen eignen sich Car Styling Folien. Transparente Lackschutzfolien (in unterschiedlichen Stärken erhältlich) verhindern kleinere Steinschläge und Kratzer sowie sonstige Beschädigungen durch Umwelteinflüsse oder Vogelkot. Besonders „selbstheilende" Folien sind in diesem Bereich genial: Dank einer speziellen Beschichtung verschwinden Oberflächen-Kratzer durch Wärmeeintag mit einem Fön. Allerdings sind hier häufig auch eigens darauf abgestimmte Pflegeprodukte wie spezielle Quick Detailer empfehlenswert.*

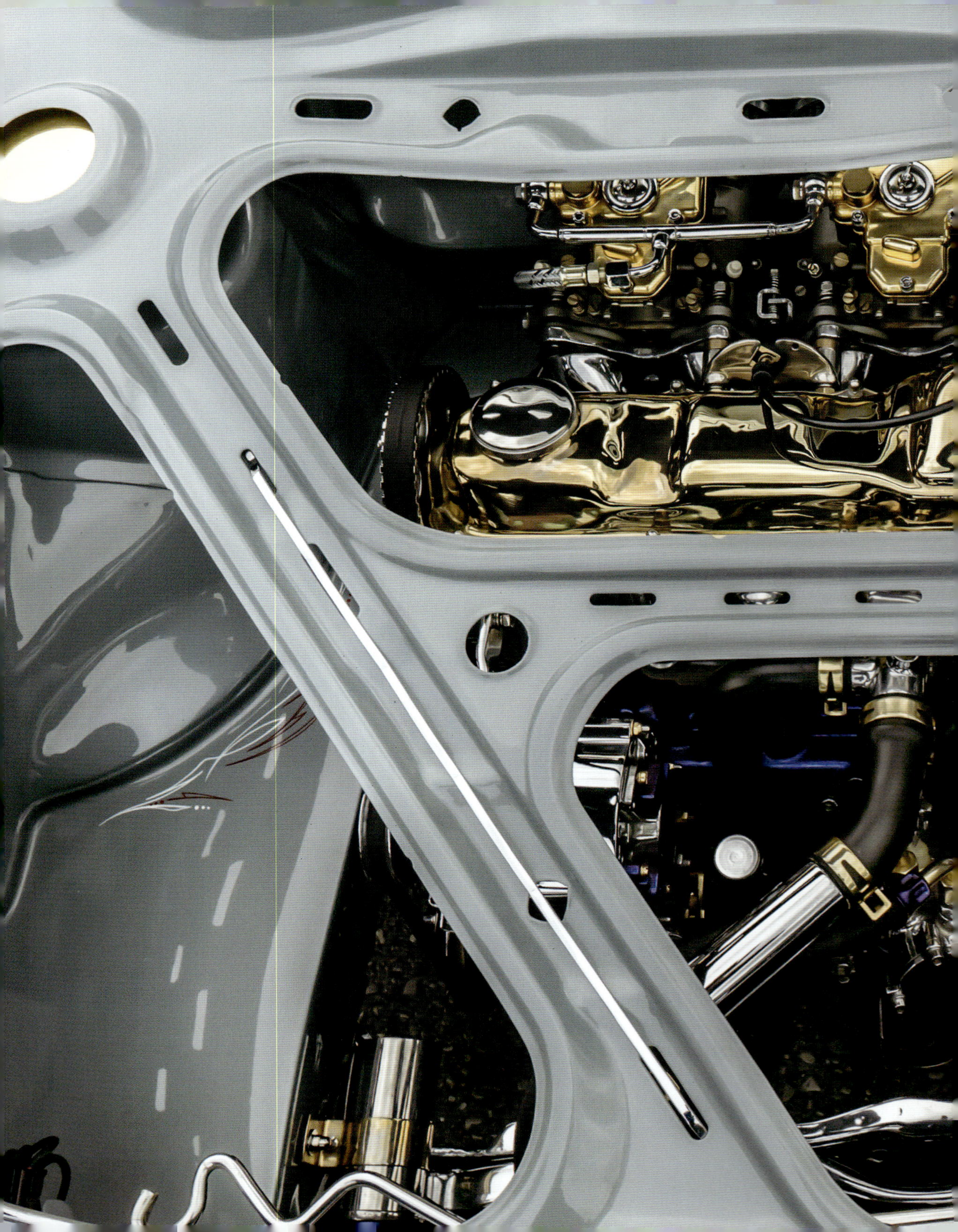

MOTORUMBAU & LEISTUNGSSTEIGERUNG

KANN DENN LEISTUNG SÜNDE SEIN?

Tuning ist ein Lifestyle und der automobile Aktivist strebt ja bekanntermaßen immer nach mehr. Und auch wenn natürlich die äußere Erscheinung nicht ganz unwichtig ist, so zeigt sich die wahre Größe doch erst unter der Haube. Im Laufe eines Projektes hat sich bestimmt schon jeder einmal Gedanken über eine Leistungssteigerung oder gar einen kompletten Motorumbau gemacht. Bevor wir uns gleich mal der Königsklasse des Motor-Tunings – dem „Engine Swap" – widmen, ein kurzer Hinweis in eigener Sache: Die technische Vorgehensweise eines kompletten Motorumbaus können wir hier natürlich nicht im Detail erklären, dafür gibt es einfach zu viele Kombinationsmöglichkeiten. Wer also jetzt auf die detaillierte Schrauberanleitung für den Umbau eines Lamboghini-LP640-Triebwerks in einen Audi A3 Typ 8P gehofft hat, der wird enttäuscht werden und sollte dieses Kapitel einfach überspringen. Wir wollen hier vielmehr erklären, worauf es im Allgemeinen zu achten gilt, wenn man die Idee einer Leistungssteigerung – egal in welcher Form – realisieren möchte.

Für eine Leistungssteigerung gibt es den Ansatz, die reine Hardware zu tunen oder aber die Software zu modifizieren – oder (je nach Baujahr des Fahrzeugs) auch eine Kombination von beiden Maßnahmen. Bei älteren Fahrzeugen greift man eher noch zum Werkzeugkasten, bei den neueren Modellen in erster Linie mal zum Laptop.

Schauen wir uns zunächst einmal die Leistungssteigerung durch Softwareoptimierung an. An dieser Stelle ganz herzlichen Dank an Christian Bardon von AM-Performance, der uns behilflich war, euch die wichtigsten Informationen zusammenzustellen.

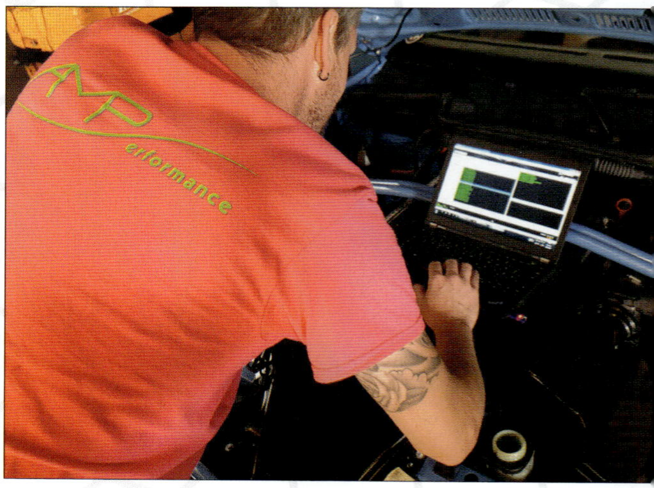

Kennfeldoptimierung (m)eines M52B28-Triebwerks nach diversen Hardware-Modifikationen.

Ein nicht nur optisches, sondern auch „druckvolles" Meisterwerk: Dieser Turboumbau dürfte nicht nur den Erbauer ins Schwitzen gebracht haben, sondern auch dem Prüfer erhöhten Einsatz abverlangen.

Moderne Leistungssteigerung mit Tuning-Boxen und Kennfeldoptimierung

Unter einer modernen Leistungssteigerung verstehen wir die Erzeugung von Mehrleistung durch Anpassung bzw. Veränderung von Software und Motorsteuerung oder die Modifikation von Kennwerten für das Motorsteuergerät. Achtung: Diese Änderung führt zum Erlöschen der Betriebserlaubnis, weil durch diese Tuning-Maßnahme die Emissionswerte des Fahrzeugs (Abgas- und/oder Geräuschemission) verändert werden.

Und exakt hier beginnt für die meisten das Problem: **Eine legale Leistungssteigerung bedarf immer eines entsprechenden Gutachtens.** Mögliche Ausnahme ist nur das Szenario, bei dem ein baugleicher Motor, der jedoch vom Hersteller gedrosselt wurde, mittels einer anderen Seriensoftware auf eine höhere Leistung getrimmt und mit anschließender Einzelabnahme für legal erklärt wird. Ein solches Vorgehen kann und muss mit dem zuständigen Sachverständigen im Vorfeld besprochen werden. Möglich wird dieses Upgrade innerhalb der Modellserie, weil ja alle Serienausführungen eine entsprechende Vollabnahme seitens der Prüforganisation durchlaufen haben.

So genannte **Tuning-Boxen** arbeiten im Regelfall mit der Anpassung bzw. dem absichtlichen Verfälschen von Werten, um das Steuergerät dazu zu bewegen, entsprechend mehr Leistung zu generieren. Meistens werden hier Werte wie Ladedruck, Benzindruck etc. verändert, indem die Box per Kabelstrang zwischen den entsprechenden Sensor und das Motorsteuergerät (Engine Control Unit = ECU) geklemmt wird.

Wenn nun ein Wert von beispielsweise 0,6 bar Ladedruck vom Sensor gemessen wird, so signalisiert die Box der ECU einen niedrigeren Wert von sagen wir 0,5 bar. Die ECU wird nun versuchen, 0,1 bar mehr Ladedruck zu generieren – real bedeutet das aber eine Steigerung auf 0,7 bar.

Diese Art der Leistungssteigerung ist jederzeit mit wenigen Handgriffen rückgängig zu machen und kommt daher gerne bei Neu- und Leasingfahrzeugen zum Einsatz. Nachteile sind hier die Einschränkungen der grundlegenden Funktionen des Motorsteuergeräts durch eben die veränderten Werte. Das ECU kann nicht bemerken, wenn eventuell ein Wert zu hoch ist, da es ja mit falschen Werten gefüttert wird. Die Tuning-Box selbst bietet hier oft keinen ausreichenden Schutz.

In diesem Tuning-Bereich tummeln sich viele Anbieter: Vom 50-Euro-„Chinakracher" bis hin zu namhaften Anbietern, bei denen bis zu 700 Euro für eine Box aufgerufen werden, samt entsprechender Features per APP-Steuerung. Von den Billig-Ausführungen möchten wir an dieser Stelle dringend abraten, da sie im dringenden Verdacht stehen, schon für so manchen Motorschaden verantwortlich zu sein.

Allerdings scheiden sich auch bei den teuren Boxen ein wenig die Geister. Hier ist es so, dass bei neueren Fahrzeugen die ECU mittlerweile den Manipulationsversuch von Werten bemerkt und entsprechend gegensteuert – damit ist die Box quasi wirkungslos. Die Verfälschung von Kennwerten ist generell umstritten, da Sicherungssysteme zum Motorschutz hier negativ beeinflusst werden können. Dies ist jedoch auch Fahrzeugabhängig und lässt sich deshalb nicht pauschalisieren.

Die **Kennfeldoptimierung** ist die nachhaltigste und zugleich risikoreichste Optimierung. Das grundlegende Problem ist hier der direkte Eingriff in die Motorsteuerung. Zwar lässt sich hiermit am meisten Leistung entfalten, jedoch muss derjenige, der die Programmierung vornimmt, auch zweifelsfrei wissen, was er da tut. Andernfalls kann hier durch die vorsätzliche Deaktivierung von so genannten Schutzkennfeldern am Motor ein Schaden entstehen. Außerdem erlischt mit der Softwareveränderung die Betriebserlaubnis.

Kurz ein Wort zur Funktionsweise: Die in der ECU hinterlegten Kennfelder geben dem Motor und den Peripheriegeräten entsprechende Anweisungen. Wird das Gaspedal betätigt und dadurch mehr Last abgerufen, muss die Drehzahl erhöht werden. Dazu braucht es in erster Linie Luft und Kraftstoff. Die ECU regelt dabei über Kennwerte genau, was getan werden muss und steuert das Verhältnis von Luft und Kraftstoff. Dabei handelt es sich um so eine Art „wenn – dann"-Regelung. Wenn nun diese Kennfelder angepasst werden, kann der Motor mehr Leistung erzeugen.

Dies nennt man eine Optimierung. Was hier so einfach klingt, ist in Wirklichkeit sehr komplex und fordert ein hohes Maß an Erfahrung und Wissen. Die Risiken der Kennfeldoptimierung sind bei sorgfältiger und professioneller Ausführung überschaubar. Bei den so genannten Stage 1 Optimierungen werden lediglich die vom Hersteller zurückgehaltenen Reserven freigegeben. Man kann jedoch sagen, dass in unseren Mitteleuropäischen Breitengraden diese Reserven verhältnismäßig gefahrlos abgerufen werden können.

Anders verhält sich das dann im Bereich der „Optimierung" mit veränderter Hardware, wie Upgrade-Ladern etc. Hier sprechen wir eigentlich auch nicht mehr von einer Optimierung, sondern von einer Abstimmung bzw. einer Einzelabstimmung des Fahrzeugs. Diese findet meistens unter Zuhilfenahme eines Leistungsprüfstands oder einer gleichwertigen leistungsmessenden Sensorik wie beispielsweise Insoric® statt. Hier gelten andere Regeln und ein absolutes Höchstmaß an Vorsicht, da eine falsche Anpassung der Software zu einem unmittelbaren Motorschaden führen kann. Zum Beispiel durch die Freigabe von zu viel Drehmoment und einen dadurch bedingten Pleuelschaden. Das Abstimmen eines Fahrzeugs kann mitunter viele Stunden oder sogar Tage dauern, um ein optimales Ergebnis zu erzielen.

Eintragung von Mehrleistung

Alle Auflagen und Vorgaben zur legalen Eintragung einer Leistungssteigerung sind selbstverständlich im VdTÜV Merkblatt 751 festgelegt und definieren genau, wie so ein Umbau durchgeführt werden darf und worauf es zu achten gilt. Bei einem Motorumbau oder einer Leistungssteigerung wird unterteilt in Veränderungen von bis zu 20 %, bis zu 40 % und über 40 % Mehrleistung. Es ist also extrem wichtig, bereits im Vorfeld genau zu wissen, wo die Reise bei dem Projekt hingehen soll. In jedem Fall muss bei einer Leistungssteigerung ein neues Abgasgutachten angefertigt werden. Außerdem wird ein tatsächlicher Leistungsnachweis benötigt.

In diesem Zusammenhang fällt der Verwendung des richtige Getriebes und des passende Differentials eine wichtige Bedeutung zu, denn ein geändertes Lastverhalten kann negative Auswirkungen auf das Abgasverhalten haben. Wichtig zu wissen: Im Bereich der Getriebe- und Differenzialübersetzung darf man sich nur in einem engen Toleranzbereich von +/- 8 % bewegen. Die Komponenten müssen also gut miteinander harmonieren.

Auch das Geräuschverhalten sowie die „neue" Höchstgeschwindigkeit sind bei so einem Umbau genau zu prüfen. Und dass eine gewisse Mehrleistung auch uneingeschränkt verzögert werden muss, rechtfertigt sicherlich den prüfenden Blick auf die Bremsanlage, denn diese muss der Leistung angepasst und gegebenenfalls zusätzlich optimiert werden.

PRAXISTIPP

Bei einem Motorumbau ist eine Getriebe- und Differenzial-Anpassung eigentlich unverzichtbar. Dieses sehr komplexe Thema ist für den vorliegenden Ratgeber zu umfangreich, aber gerne empfehle ich euch für die Einstimmung das verlinkte Video. Schickt uns bei Fragen einfach eine Mail.

Motor Swap – das Spenderherz

Der einfachste Weg zur mehr Leistung ist natürlich ein größerer Motor. So ist es keine Seltenheit, dass sich Tuner in ihren 1,6-l-Golf III einen VR6 oder in einen BMW 316er E36 einen M3-Motor einbauen. Solche Umbauten sind zwar grundsätzlich möglich, müssen aber äußerst sorgfältig geplant und sauber umgesetzt sein. Die wenigsten Probleme treten auf, wenn ein solcher Spendermotor aus derselben Modellreihe stammt, denn dann kann

6

Bei einer Triebwerkstransplantation sind technisches Know-how und Manpower gefragt …

man zumindest halbwegs sicher sein, dass viele Komponenten quasi per „Plug & Play" übernommen werden können. Außerdem darf die Mehrleistung am umgebauten Fahrzeug zu keinem Zeitpunkt zu einem Bauteilversagen führen. Diese Dauerfestigkeit ist zum Beispiel gegeben, wenn man in einen 316er der Baureihe E36 mit serienmäßigen 102 PS ein 150 PS starkes Triebwerk aus einem 320er derselben Generation verbaut. Erst bei einer Leistungssteigerung von über 40 % (ausgehend vom stärksten Serienmodell derselben Karosserievariante) muss ein neues Dauerfestigkeitsgutachten erstellt werden. Diese Prüfung beinhaltet eine extrem lange Testfahrt durch einen ausgebildeten Sachverständigen.

ANGZWFLT.

PRAXISTIPP

In den letzten 15 Jahren meines Tuner-Daseins habe ich schon viele Trends kommen und glücklicherweise auch gehen sehen. Es gibt einen Trend, den ich persönlich ziemlich cool finde und der immer wieder beeindruckend ist. Es geht um Projekte, bei denen ein markenfremder Motor implantiert werden soll – also zum Beispiel ein RB26-Triebwerk eines Nissan GT-R in einen BMW E36.

Solche Umbauten sind nicht nur vom Handwerklichen her machbar, sondern unter Umständen sogar legal eintragungsfähig. Der Prüfaufwand bei Fahrzeugumbauten dieser Art ist natürlich um ein Vielfaches höher, da ja die Kombination Motor-Auto niemals miteinander geprüft wurde.

Wegen der sehr umfangreichen Prüfungen im Nachgang durch den Sachverständigen, solltet ihr also auf JEDEN FALL ein derart krasses Projekt genauestens mit eurem Prüfer bis ins kleinste Detail absprechen, denn sonst hat diese ganze Nummer nur sehr wenig Chancen, jemals legal im öffentlichen Straßenverkehr unterwegs zu sein! Solche Umbauten müssen immer nach §19(2)/21 der StVZO im Zuge einer Einzelabnahme geprüft werden.

Bei einem solchen Umbau, bei dem die spürbare Mehrleistung im Vordergrund steht, ist es mehr als ratsam, auch gleich diverse Achskomponenten und Bremsenteile des Spenderfahrzeugs (sofern selbe Baureihe) mit zu übernehmen, da diese der Mehrleistung ja bereits angepasst sind – im besten Fall können sie sogar überdimensioniert sein.

Der offene „Luffi" – Sportluftfilter & seine Varianten

Nachdem wir jetzt wissen, was bei einem Motorumbau so zu beachten ist, wenden wir uns nun den kleinen „Optimierungsoptionen" zu, um hier und da vielleicht noch das eine oder andere Quäntchen Leistung heraus zu kitzeln. Fangen wir mit dem vielleicht günstigsten Teil in diesem Segment an – der Sportluftfilter. In erster Linie hat er die verpflichtende Aufgabe, die Frischluft für den Motor von Dreck, Schmutzpartikeln und ähnlichem zu reinigen, bevor es auf direktem Wege in den Brennraum geht. Sportluftfilter, die speziell für uns Tuner entwickelt wurden, gibt es in zwei grundlegend verschiedenen Ausführungen. Sinn und Zweck ist derselbe: Optimierung der Luftzufuhr. Der klassische Austauschfilter wird lediglich an Stelle des originalen Papierfilters in den Luftfilterkasten eingesetzt und besteht zumeist aus Baumwolle. Vorteil dieser Tauschteile: Aufgrund ihrer Materialbeschaffenheit können sie im Gegensatz zu den Papiertüten selbst und vor allem einfach gereinigt werden; eine Eintragung ist hier nicht notwendig.

Eine zu dicke schützende Ölschicht auf der Filteraußenseite kann bei modernen Fahrzeugen für Probleme sorgen: Angesaugte Ölpartikel verschmutzen den Luftmassenmesser – mit teuren Folgen.

Konventionelle Tauschfilter gibt es für schmales Geld im Zubehörhandel.

Offene Luftfilter ersetzen hingegen das Luftfiltergehäuse und hängen schön quer irgendwo im Motorraum – umgeben von heißer Luft. Heiße Ansaugluft ist für den Motor allerdings genauso aufregend wie für uns und kann unter Umständen sogar für nur mäßig gute, um nicht zusagen für schlechte Laune im Brennraum sorgen: Aufgrund der geringeren Sauerstoffsättigung der Ansaugluft ist nämlich eher mit einem Leistungsverlust zu rechnen.

ANGZWELT.
PRAXISTIPP

Mehrleistung durch „hochprozentigen" Kraftstoff? *Seit einigen Jahren bieten die Mineralölfirmen an ihren Tankstellen so genannte „High Octane"-Kraftstoffe an. Aber kann dieses 102-Oktan-Benzin wirklich die Leistung des Motors erhöhen, wie uns die Werbung verspricht? Generell besitzt so ziemlich jedes halbwegs moderne Fahrzeug einen Klopfsensor, dank dessen Informationen der Motor mittels Motorsteuergerät normalerweise auf die verschiedensten Oktanzahlen eingestellt wird. So können auch Schwankungen in der Kraftstoffqualität ausgeglichen und Motorschäden verhindert werden. Die meisten Motoren der Alltagsautos sind so ausgelegt, dass bei 98 Oktan technisch gesehen Schluss ist und somit auch mit keinem wirklichen Leistungszuwachs zu rechnen ist.*

Die moderne Motorengeneration mit einem oder zwei Turboladern, aber auch mit Turbolader getunte Fahrzeuge sind nicht zuletzt aufgrund einer elektronischen Leistungssteigerung in der Regel auf 100 Oktan abgestimmt. Nur mit diesen Premium-Kraftstoffen können sie ihre Leistung voll entfalten. An dieser Stelle muss aber auch klar darauf aufmerksam gemacht werden, dass zwar einige Kraftstoffe aufgrund ihrer Zusammensetzung tatsächlich 102 Oktan aufweisen, in anderen Fällen die Hersteller allerdings einfach einen 98-Oktan-Kraftstoff durch Beimischen von Additiven auf 100 Oktan pushen.

Fakt ist, dass sich die „Hochoktaner" auf jeden Fall im Bereich der Motorreinigung bemerkbar machen – mit der angenehmen Folge, dass die Ablagerungen im Brennraum auf ein Minimum reduziert werden und so die volle Leistung des Motors möglichst lange erhalten bleibt.

Wenn man der Werbung um die Pilze und trichterförmigen Kunstwerke Glauben schenkt, dann erhöht sich maßgeblich das Ansprechverhalten des Motors, die Leistung steigt ins Unermessliche und der Kraftstoffverbrauch sinkt in den Keller. Sind wir mal ehrlich: Ein offener Sportluftfilter ist vor allem eines, nämlich laut! Und hier kommen wir schon zum Problem. Auch wenn uns die gesteigerte Geräuschkulisse vielleicht subjektiv das Gefühl vermittelt, schneller zu fahren, endet der Spaß beim Versuch, dieses Bauteil eintragen zu wollen. Im besten Fall kommt der ausgewählte Sportluftfilter mit einer ABE oder einem Teilegutachten – aus den Unterlagen geht dann aber auch klar hervor, in welcher Kombination dieser „Luffi" verbaut werden darf: In vielen Fällen ist nämlich die Kombination aus Sportluftfilter und geänderter Abgasanlage nicht möglich, da sich das gesamte Geräuschverhalten maßgeblich verändert haben könnte. So ist diese Tuning-Maßnahme mit ihrer eher zweifelhaften Wirkung für ein getuntes Fahrzeug doch eher uninteressant. An einem serienmäßigen Fahrzeug wäre der Einbau – bei vorhandener ABE oder einem Teilegutachten – hingegen möglich.

Turbo & Co. – Mehrleistung durch Zwangsbeatmung

Vielleicht klären wir die vermutlich wichtigste Frage zuerst: Kann man jeden Motor mit einem Turbo optimieren? Antwort: Ja, das ist möglich. Hierfür werden natürlich alle not-

Kann denn Leistung Sünde sein: Große Turbolader haben zwar ein etwas verzögertes Ansprechverhalten, liefern aber auch viel Schub.

„Size matters": Für ein Motor-Tuning mit Turbolader sollte man sich mit einem Spezialisten beraten – in diesem Falle mit dem Turbozentrum aus Berlin.

wendigen Komponenten und unheimlich viel Fachwissen benötigt. Aber so ein Umbau ist grundsätzlich bei allen Motoren machbar und sollte am besten von einem Fachmann durchgeführt werden.

Ganz neu ist diese Technologie freilich nicht: In Deutschland lief bei BMW im Jahr 1973 die Serienproduktion des BMW 2002 turbo an, zwei Jahre später folgte der erste Porsche 911 turbo. Im Jahr 1978 startete Saab mit dem 99 Turbo die erste Großserienproduktion eines Turbo-Autos. Heutzutage ist der Turbolader eine Schlüsseltechnologie für das so genannte „Downsizing" als Mittel zur deutlichen Verbrauchsreduzierung. Downsizing umschreibt das Verkleinern des Hubraums und der Zylinderzahl bei gleichbleibender oder höherer Leistung.

Der Turbolader hat die Aufgabe, die Verbrennungsluft, die dem Motor zugeführt wird, vorzuverdichten. Bei der Abgasturboaufladung wird ein Teil der sonst ungenutzten Abgasenergie zum Antrieb eines Turbinenrades genutzt. Ein auf derselben Welle sitzendes Verdichterrad drückt die angesaugte Luft in den Motor. Im Vergleich zu Saugmotoren wird so eine wesentlich bessere Füllung der Zylinder erreicht.

Aus Strömungsenergie wird Drehbewegung: Abgase treiben das Turbinenrad (rechts) an, wodurch das auf derselben Welle sitzende Verdichterrad die Ansaugluft vorkomprimiert. Drehzahl: bis zu 290.000 Umdrehungen pro Minute!

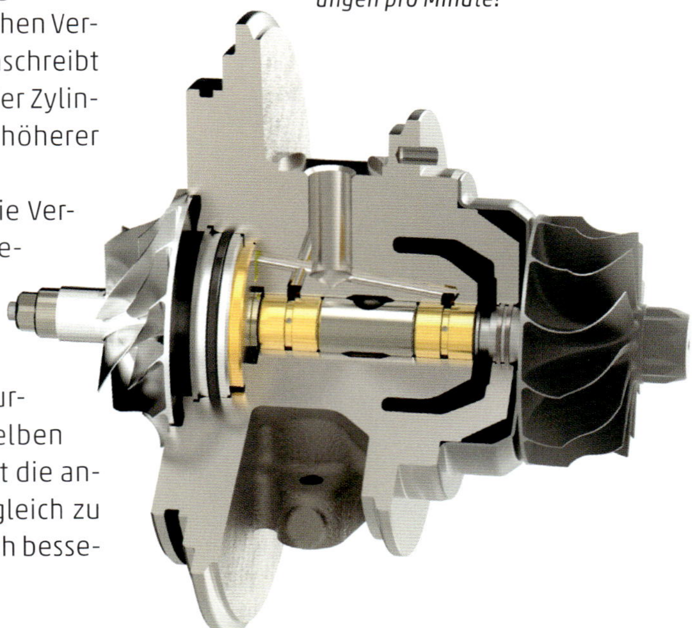

Jetzt wird´s richtig eng: Turbolader-umbau mit Öl-, Wasser- und Ladeluft-kühler. Diese Projekte erfordern bereits im Vorfeld gründliche Planungen!

Wer sich ernsthaft mit dem Einbau eines Turboladers beschäftigt, muss sich darüber im Klaren sein, dass so ein Umbau nicht nur aufwändig und teuer ist, sondern auch – mal wieder – mit einer Vielzahl an Prüfungen nachgewiesen werden muss, dass alles passt. In einem ersten Schritt sollte man also sein Umbauprojekt detailliert planen (wie groß soll die Leistungssteigerung sein, welcher Lader soll es sein, passen alle Zusatzteile wie Ladeluftkühler in dem Motorraum, wie sieht es mit der Verrohrung aus, welche ECU wird benötigt, hat jemand den Umbau so schon mal gemacht, usw.). Anschließend sind Gesprächstermine in der nächsten Prüfstelle und/oder mit dem Tuner des Vertrauens angesagt.

Turbo-Alternative: Angetrieben vom Motor selbst, kann auch ein Kompressor vorkomprimierte Luft liefern. Hier sorgt der Kompressor von G-Power beim M3 (E92) für bis zu 320 Mehr-PS (je nach Kit).

Nach erfolgtem Einbau beginnt der Prüfmarathon: Unabhängig davon, ob ein kompletter Umbau auf „Zwangsbeatmung" erfolgt oder lediglich ein Upgrade-Lader montiert wird, müssen unbedingt die Abgaswerte stimmen. Außerdem müssen eine Leistungsmessung erbracht und das Fahr- sowie das Standgeräusch ermittelt werden. Wenn diese Hürden geschafft sind, geht es in die zweite Runde. Wie bereits erwähnt, ist es zwingend erforderlich, dass die Bremsanlage der Leistung des Fahrzeugs entspricht. Außerdem müssen alle verbauten Komponenten eine Betriebsfestigkeit nachweisen und die neue Höchstgeschwindigkeit muss ermittelt werden. Angesichts dieses umfangreichen Auflagenkatalogs ist es keine schlechte Idee, auf das Wissen eines Fachmanns zu vertrauen – der weiß, was zu tun ist!

Nur kurz am Rande: Eine Alternative zum Abgasturbolader sind mechanisch angetriebene Kompressoren. Durch ihre Arbeitsweise haben sie kein Turboloch, jedoch ist der bauliche Aufwand bzw. der Platzbedarf nicht zu unterschätzen.

Motor-Tuning – Oldschool oder High Performance

Heute können vermutlich nicht mehr viele etwas mit dem Begriff „Frisieren" in Zusammenhang mit Autos anfangen. Das klassische Motor-Tuning beschreibt nachträgliche, nicht durch den Hersteller durchgeführte, leistungs- und effizienzsteigernde Maßnahmen am Antriebsaggregat. Inspiriert durch den Motorsport und das Angebot von Nachrüstkits von dort vertretenen bekannten Tuner-Schmieden für Hobby-Schrauber, entwickelte sich bereits in den 1970er Jahren das Tunen von Motoren regelrecht zu einem Volkssport. Bevorzugt am Wochenende wurden in der heimischen Garage die „heißen Teile" von Schnitzer, Alpina, Koeppchen & Co in Eigenregie verbaut. Um dem Motor mehr Leistung zu entlocken, musste man wissen, wie dieser aufgebaut ist und sich dann den wichtigen Komponenten annehmen.

Zeitgenössisches Tuning-Kit aus den 1970er Jahren: Alpina-Vergaseranlage für den BMW 2002.

Damals wie heute ist eine weit verbreitete Maßnahme zur Leistungssteigerung der Austausch der **Nockenwelle**. Die von einem Zahnriemen oder einer Steuerkette angetriebene Nockenwelle hat als Bestandteil der mechanischen Motorsteuerung direkten Einfluss auf die Gaswechselsteuerung – somit auch auf die Charakteristik des Motors. Eine serienmäßige Nockenwelle ist für den Alltagseinsatz ausgelegt. Sie garantiert eine hohe, aber laufruhige Fahrzeuggeschwindigkeit bei möglichst geringer Drehzahl, um den Motor zu schonen. Eine Sportnockenwelle, oder auch „scharfe" Nockenwelle ge-

„Please, do not try this at home": Ein- und Auslasskanäle sollten auf KEINEN FALL so bearbeitet werden. Aber generell handelt es sich bei der Kanaloptimierung um eine leistungssteigernde Maßnahme – besonders empfehlenswert bei neu aufgebauten Motoren.

nannt, sorgt mit steileren Nocken hingegen für höhere Drehzahlen und bessere Füllung, wodurch eine höhere Motorleistung erreicht wird. Die Nockenform sorgt dafür, dass das Ventil schneller geöffnet und geschlossen wird und somit in der Zeit dazwischen länger geöffnet bleibt.

ANGZWFLT.

PRAXISTIPP

Eine verbaute Sportnockenwelle kann man von außen nicht erkennen, ohne (mindestens) den Ventildeckel abzunehmen. Allerdings kann man sie hören: Wenn der Motor einen unruhigen Leerlauf hat und ein anderer Defekt mit absoluter Sicherheit ausgeschlossen werden kann, ist es sehr wahrscheinlich, dass hier eine Sportnockenwelle verbaut wurde. Ist der Motor zerlegt, kann die Welle anhand der eingegossenen Herstellernummer identifiziert werden.

Übrigens gibt es sogar heute noch Betriebe, die das Umschleifen einer Nockenwelle anbieten. Finanziell ist es allerdings in den meisten Fällen lohnenswerter, sich für neue Sportnockenwellen zu entscheiden.

Nachdem wir mit einer Sportnockenwelle erfolgreich das Motordrehzahlband etwas erhöht haben, schauen wir uns jetzt die Kolben mal näher an. Bei allen Maßnahmen zur

„Alte Schule": Der Einbau von optimierten Nockenwellen ist relativ einfach zu realisieren und gehört zum kleinen 1x1 des Motor-Tunings.

Erhöhung der Drehzahl ist es ratsam, sich einen Satz Schmiedekolben zu gönnen, denn diese können deutlich besser mit den erhöhten Temperaturen umgehen und sind wesentlich standfester. In der Regel findet man Schmiedekolben bevorzugt in Fahrzeugen ab 500 PS aufwärts. Ein 90-PS-Polo, der auf 200 PS hochgezüchtet wurde, verträgt allerdings ebenfalls einen Satz Schmiedekolben zur Steigerung der Standfestigkeit – schließlich hat hier eine Leistungssteigerung von über 100% stattgefunden, was sich natürlich enorm auf das Material auswirken wird.

Schmiedekolben sind besonders optimiert hinsichtlich thermischer und mechanischer Belastungen, wie sie besonders bei getunten Motoren auftreten.

Feinarbeit: Die Kurbelwelle sollte vor dem Zusammenbau vom Motorenbauer gewuchtet werden. Gleiches gilt übrigens auch für die Pleuel und die Schwungscheibe.

Selbstverständlich gibt es noch zahlreiche weitere Varianten des klassischen Motor-Tunings. So kann man je nach Fahrzeugmodell über eine Einzeldrosselklappeneinspritzung nachdenken, um das Ansprechverhalten und den Gasdurchsatz bei hohen Drehzahlen zu verbessern. Durch Optimierung der Ansaugbrücke wird der Luftvolumenstrom vergrößert, so dass eine höhere Leistung des Motors abgerufen werden kann. Um hier ein optimales Ergebnis zu erzielen, ist eine Kennfeldoptimierung unabdingbar.

WICHTIG: Alle diese Veränderungen, und glaubt mir, es gibt noch unzählige Möglichkeiten, aus seinem Motor das Letzte rauszukitzeln, haben aber auch nicht zu vernachlässigende Nachteile. Zum einen ist da die mechanische Komponente: Betriebsdrücke und Durchsatzmengen werden verändert, wodurch angrenzende Aggregate mit den jeweilig optierten Volumina, Drehzahlen und Temperaturen technisch überfordert sein könnten – Folge: Schäden am und im Triebwerk. Die rechtliche Komponente betrifft den Einsatz auf öffentlichen Straßen: Im Schadensfall kann der Versicherungsschutz flöten gehen, wenn festgestellt wird, dass das Motor-Tuning nicht eingetragen wurde und deshalb die Betriebserlaubnis erloschen ist.

Achtet also beim Kauf dieser Komponenten immer drauf, ob es irgendwelche Dokumente für die Teile gibt und ob eine Eintragung per Einzelabnahme in Kombination mit euren bereits verbauten Tuning-Teilen wie Abgasanlage, Luftfilter & Co. überhaupt möglich wäre. Denn nicht vergessen: Bei all diesen leistungssteigernden Maßnahmen verändern sich in der Regel sowohl Abgasverhalten als auch Geräuschverhalten des Fahrzeugs.

Transplantation: Einbau der Einzeldrosselklappeneinspritzung eines BMW M3 (S52B32) in ein M52B28-Triebwerk (328i), beides Baureihe E36.

DIE BREMSANLAGE

GUTE STIMMUNG IN DER BREMSZONE

Ähnlich wie bei vielen anderen Kapiteln dieses Buches, hätte sicherlich auch dieses Thema ein eigenes Werk verdient. Alle Bremsenkomponenten und ihre Funktionen bis ins letzte Detail zu erklären ist hier schlicht aus Platzgründen nicht möglich. All denjenigen von Euch, die mehr Informationen rund um die Bremsentechnologie suchen, denen sei an dieser Stelle empfohlen, sich an eines der zahlreichen und wirklich guten Foren zu diesem Thema im Netz zu wenden. Meine Aufgabe ist vielmehr, die Tuning-Möglichkeiten im Bereich der Bremsanlage und mögliche Probleme und Risiken aufzuzeigen.

Es gibt verschiedene Sichtweisen, wie Tuning definiert werden kann. Die einen wollen ein optisches Meisterwerk schaffen, die anderen versuchen, alles technisch Mögliche aus dem Fahrzeug zu kitzeln. Wenn es jedoch um die Beschleunigung oder die Höchstgeschwindigkeit geht, dann streben wir alle nach dem Maximum. Wichtig hierbei ist, dass auch der „Anker" ausreichend Arbeit verrichtet. Denn wenn man diesen werfen muss, zählt jeder Meter. Die Bremsanlage ist eine Baugruppe, die bei vielen Tunern leider nicht immer im Fokus steht. Man vertraut auf die Serienanlage – es wird schon passen. Aber besonders bei einer geplanten oder erfolgten Leistungssteigerung kann das Thema Bremse für eine erfolgreiche Eintragung entscheidend sein.

Natürlich hat eine große Bremsanlage – möglichst mit bunten Mehrkolben-Bremssätteln und gelochten oder geschlitzten Bremsscheiben – auch ihre optischen Reize. Mir geht es darum zu verdeutlichen, dass eine funktionierende Bremsanlage wirklich wichtiger ist als ein „Böser Blick" oder ein Carbon Flap. Man ist immer wieder überrascht, von den Sachverständigen vor Ort zu hören, dass erschreckend viele Fahrzeuge mit verschlis-

Viel hilft viel: Der Umbau auf Porsche-Bremssättel dürften diesen VW Golf VI mit Alfa-Felgen angemessen verzögern.

Italienisches Temperament: Der Besitzer dieses VW Eos vertraut einer originalen Lamborghini-Bremsanlage. Solche Umrüstungen sind generell möglich, da die Originalteile ja bereits geprüft wurden.

senen und schlecht funktionierenden Bremsen auf unseren Straßen unterwegs sind.

Grundsätzlich betrifft die Problematik einer betriebsunsicheren Bremse auch gerne mal die Bremsleitungen. Korrosion sorgt hier regelmäßig für Vermerke auf dem Mängelbericht. Zwar sind in der Regel bei allen Pkw-Bremsen Diagonal-Zweikreisbremssysteme verbaut, bei denen jeweils eine vordere Bremse diagonal mit einer hinteren verbunden ist, um so das Fahrzeug im Falle eines Defekts (Undichtigkeit oder Ausfall eines der Systeme), immer noch relativ sicher zum Stehen zu bringen. Bei allen Tuning-Maßnahmen muss also zuerst nach dem Zustand der Leitungen geschaut und gegebenenfalls für Ersatz gesorgt werden.

Hilfssysteme wie das Antiblockiersystem (ABS) und die Anti-Schlupf-Regelung (ASR) müssen ebenfalls einwandfrei funktionieren. Bei brennenden Warnlampen wird es mit dem erhofften Segen des Prüfers schwierig …

Ebenfalls wichtig für eine wirkungsvolle Verzögerung der Fuhre: Der Zustand der Reifen. Häufig wird unterschätzt, dass die Haftreibung der Reifen entscheidend für einen kurzen Bremsweg ist. Und blockierende Reifen sind da wenig hilfreich. Zumal sie auch keine Seitenführungskräfte übertragen können – sprich: Der Wagen folgt nicht den Lenkbefehlen.

ANGZWFLT.

PRAXISTIPP

Gerne verschoben oder verdrängt: Der Wechsel der Bremsflüssigkeit ist spätestens alle zwei Jahre angesagt. Bremsflüssigkeit kann nämlich Wasser aufnehmen, wodurch sich bei starker Beanspruchung Dampfblasen bilden können – ein Bremsausfall kann hier die fatale Folge sein.

Die DOT-Klassifizierung gibt Orientierungshilfe: DOT 3-Bremsflüssigkeit ist häufig in älteren Fahrzeugen zu finden und sollte nicht mit anderen Bremsflüssigkeiten gemischt werden. Bei den meisten aktuelleren Fahrzeugen kommen DOT 4-Bremsflüssigkeiten zum Einsatz. Für Fahrzeuge mit elektronisch geregelten Bremssystemen wie ABS und ESP® bieten einige Hersteller Bremsflüssigkeiten auf DOT 4-Basis an, die aber eine geringere Viskosität aufweisen (Handelsnamen „DOT4 Plus", „DOT4 Pro" oder „DOT4 HP"). Hier unbedingt auf die Empfehlung des Fahrzeugherstellers achten. DOT 5.1 ist für den Motorsporteinsatz.

Bauteile & Komponenten – Bremsscheiben, Beläge & Sättel

Bremsscheiben sind logischerweise ein wichtiger Bestandteil des Bremssystems. In Kombination mit den passenden Belägen wird hier die Bremskraft erzeugt und das entstehende Bremsmoment wird auf die Radnabe und die mit ihr verbundene Felge übertragen. Physikalisch gesehen wird hier die Bewegungsenergie in Wärmeenergie umgewandelt. Bei normalen Bremsen bewegt man sich bei der Verzögerung aus flotter Fahrt im Temperaturbereich zwischen 300° und 400° Celsius, im Motorsport werden Temperaturen bis 700° Celsius erreicht. Daher ist ausreichende Kühlung so extrem wichtig, denn bei hohen Temperatur kann es sonst zum so genannte Fading kommen: Die Bremswirkung lässt nach, weil der Reibwert der Bremsbeläge auf der heißen Bremsscheibe sinkt. Je schlechter der Reibwert zwischen Bremsscheibe und Bremsbelag wird, umso mehr Kraft muss aufgewendet werden, das Fahrzeug abzubremsen.

Hohe Temperaturen können auch ein Problem für die Bremsflüssigkeit werden: Ist diese zu alt und hat zu viel Wasser gezogen, kann es zu Dampfblasenbildung und zu Bremsversagen kommen.

Serienmäßig sind besonders bei vielen Kleinwagen an der Vorderachse immer noch einfache, massive **Bremsscheiben** verbaut, die konstruktionsbedingt keine sensationelle Performance liefern können – und aufgrund der anliegenden Leistung auch gar nicht müssen. Vor einem geplanten Motor-Tuning ist hier die Umrüstung auf innbelüftete Scheiben der erste Schritt. Dank der Kühlrippen wird die entstehende Hitze deutlich besser vom Fahrtwind durch die innenliegenden Luftkanäle nach außen abgeleitet.

„Sicherheits-Tuning": Gelochte und innenbelüftete Bremsscheiben sind auf vielen Autos serienmäßig verbaut. Wer noch einfache Ausführungen hat, sollte umrüsten …

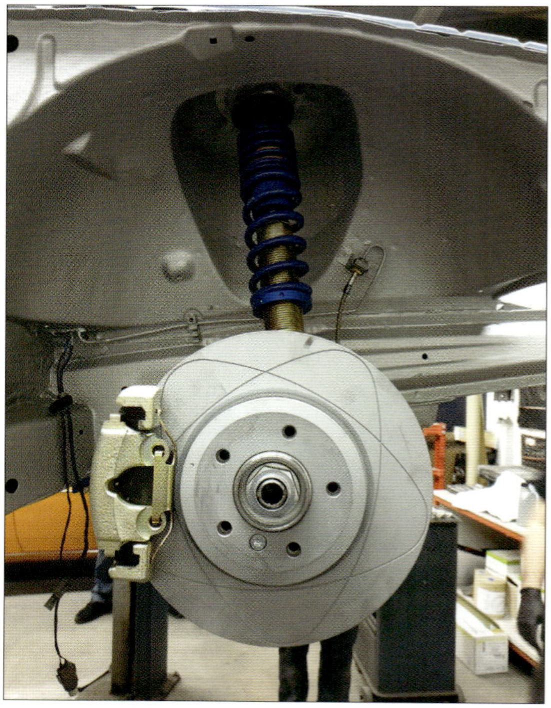

Bremsscheiben mit Rillen können Wasser und bei Reibung entstehende Gase gut ableiten.

Andere bei Tunern auch gerne aus optischen Gründen eingesetzte Ausführungen sind gelochte und/oder geschlitzte Bremsscheiben. Diese sehen nicht nur viel cooler aus, sondern haben den netten Nebeneffekt einer deutlich besseren Kühlung und effektiveren Wasserabführung bei Nässe.

Wenn man seine Serienscheiben gegen solche Ausführungen tauschen möchte, muss man leider immer etwas tiefer in die Tasche greifen als bei OEM-Parts, jedoch kann in der richtigen Kombination mit den passenden Belägen ein deutlich kürzerer Bremsweg erzielt werden.

Interessant wird es auch, wenn wir uns die verwendeten Materialien einer solchen Bremsscheibe mal ansehen. Aufgrund der mechanischen und thermischen Belastung muss bei der Wahl des Materials auf beste Qualität geachtet werden. Üblicher Weise werden Bremsscheiben aus einem speziellen Grauguss gefertigt. Verschiedenste Legierungen können die Verschleißeigenschaften und das Wärmerissverhalten positiv beeinflussen. Ein hoher Kohlenstoff-Gehalt steigert zudem die Wärmeaufnahmegeschwindigkeit. Besitzer eines leistungsstarken Fahrzeugs fahren vielleicht bereits werksseitig geschmeidige Keramik-Bremsscheiben. Diese High-Tech-Komponenten werden aus einem Materialmix von Carbon-Fasern und Silizium-Carbid hergestellt. Dank ihres extrem niedrigen Gewichts, des niedrigen Verschleißes und der hohen Formstabilität in allen Temperaturbereichen eignen sich diese Bremsen natürlich nicht nur für leistungsstarke Fahrzeuge wie 911 turbo oder M5, sondern auch hervorragend für den Motorsporteinsatz. Großer Nachteil: Die sehr hohe erforderliche Betriebstemperatur verhindert eine Alltagstauglichkeit dieser Mega-Bremse für leistungsschwächere Autos. Dazu kommen eine höhere mechanische Empfindlichkeit bei Steinschlägen oder Unfällen und natürlich ein Anschaffungspreis, der die meisten Budgets pulverisiert.

Beim Kauf von „Zubehör- oder Tuning-Bremsscheiben" sollte immer darauf geachtet werden, dass die Teile nach der ECE R90 geprüft sind. Außerdem ist eine beiliegende ABE bzw. ein Teilegutachten wichtig, um eindeutig nachvollzie-

Rennsporttechnik für die Straße: die Carbon-Keramik-Bremse von AMG. Die erkennbaren Risse sind optisches Merkmal einer Keramik-Scheibe und sagen nichts über den Verschleiß aus.

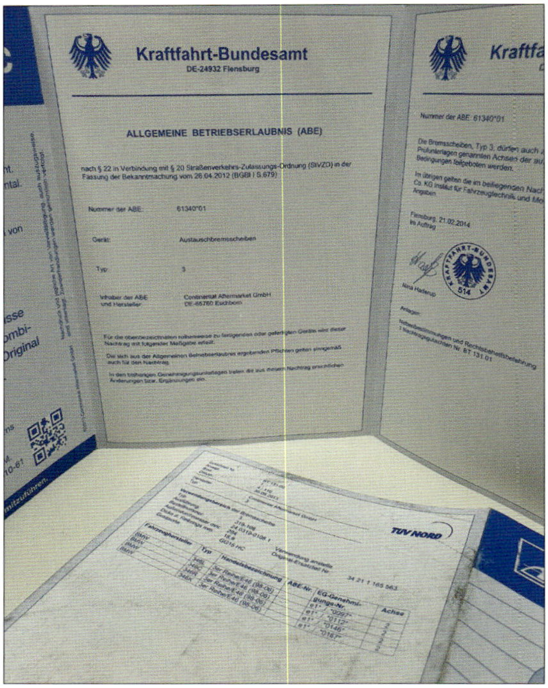

Ohne gültige Dokumente mit dem Nachweis des Verwendungsbereichs sind Bremsscheiben aus dem Zubehör nicht zu gebrauchen.

hen zu können, dass dieses Bauteil für das jeweilige Fahrzeug geprüft wurde und an diesem problemlos verbaut werden darf. Ob eine Änderungsabnahme erforderlich ist, geht ebenfalls aus diesen Dokumenten und Auflagen hervor.

Wer mit dem Gedanken spielt, seine neuen Bremsscheiben nicht aus dem Originalteile-Regal seines Herstellers zu beziehen, sollte in jedem Fall nicht versäumen, sich frühzeitig Gedanken über die passenden Bremsbeläge zu machen. Nur die perfekte Kombination aus beiden Komponenten ermöglicht die maximale Bremswirkung.

Bremsbeläge sind hohen Belastungen ausgesetzt, müssen sie doch für die Umwandlung der Bewegungsenergie in Wärmeenergie sorgen. Dabei spielen die Zusammensetzung des Belagmaterials (Reibmaterials) und die Qualität der einzelnen Belagkomponenten eine entscheidende Rolle für eine gute Fahrzeugverzögerung – bei gleichzeitiger Dosierbarkeit und geräusch- sowie vibrationsfreier Bremsbetätigung. Damit die Reibbeläge unter wechselnden Betriebszuständen bestmögliche Bremsergebnisse erzielen, ist ein komplexer Kompositwerkstoff aus unterschiedlichen Bestandteilen erforderlich. Im Sinne einer hohen Sicherheit müssen Bremsbeläge einen gleichbleibenden Reibwert (Reibungskoeffizient) aufweisen, mechanisch hoch belastbar und temperaturbeständig sein. Neue Bremsbeläge erreichen ihre volle Bremsleistung erst nach einer bestimmten „Einfahrzeit". Während dieser Phase gleicht sich die Belagoberfläche an die Scheiben-/Trommeloberflächen an. Erst danach wird eine optimale Verbindung zwischen den Reibpaaren (Bremsbelag/ Scheibe sowie Bremsbelag/ Bremstrommel) und somit beim Bremsen die maximale Verzögerung erreicht. Auch bei Belägen aus dem Zubehör ist darauf zu achten, dass eine ABE

Am Ende: Vergleich von neuen und verschlissenen Bremsbelägen.

Gründliche Arbeit: Hier wurden die alten Sättel abgebaut, zerlegt, sandgestrahlt und anschließend gelbgold verzinkt. Bei einer solchen Behandlung die Bohrungen gut verschließen und alle Verschleißteile erneuern!

oder ein Teilegutachten vorliegt, aus dem zu entnehmen ist, dass diese Beläge für das entsprechende Fahrzeug zulässig sind.

ANGZWFLT.

PRAXISTIPP

Für den Kauf von Bremsscheiben und -belägen gilt wie in allen Bereichen: Hände weg von Billigangeboten! Eine effektive Bremse ist im Ernstfall (über-)lebenswichtig!
Bei allen Teilen stets auf ABE/Teilegutachten sowie auf den Prüfnachweis nach ECE R90 achten.

Weiteres wichtiges Bauteil der Bremsanlage ist der **Bremssattel**, auch „Bremszange" genannt. Neben der Führung der Beläge, muss der Sattel den hydraulischen Druck im Bremssystem mit Hilfe eines oder mehrerer Kolben in eine mechanische Kraft umwandeln. Mit dieser Kraft werden die Beläge dann an die Scheibe gepresst. Herkömmliche Bremssättel verfügen meistens über ein bis zwei Kolben. Besonders leistungsstarke Fahr-

Serienausführung: Normale Rohr-Bremsleitung und Bremsschlauch an einem Kleinwagen.

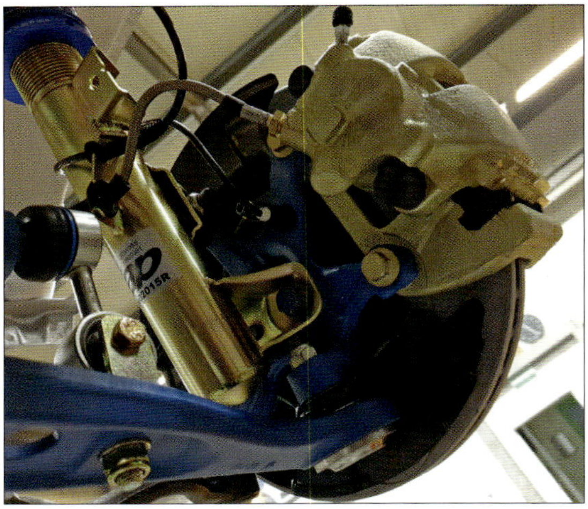

Stahlflex-Leitungen sind druckstabil, korrosionsarm und ermöglichen eine bessere Dosierbarkeit der Bremse.

zeuge können aber auch gerne vier und mehr Kolben aufweisen.

Bremssattel-Tuning beginnt oft mit dem Wunsch nach Individualität und einem Töpfchen Bremssattelfarbe. Und das Entspannte daran: Selbst die schillerndste Farbe ist eintragungsfrei!

Bremsleitungen & Stahlflex-Ausführungen

Bei den Bremsleitungen werden Rohr- und Schlauchleitungen unterschieden. Bremsrohrleitungen sind starr und bestehen aus Stahl, Kupfer oder Aluminium. Sie werden unter anderem im Motorraum, unter der Karosserie und in den Radhäusern verlegt, um sicher zu stellen, dass sie keinerlei Bewegung ausgesetzt sind. Bremsrohrleitungen können sich in Form, Länge und Durchmesser unterscheiden. Um sie vor äußerer Korrosion zu schützen, sind Rohrleitungen meistens mit Kunststoff oder Zink beschichtet.

Bremsschlauchleitungen hingegen bilden eine flexible Verbindung zwischen den Bremsrohrleitungen und den Radbremsen, um den hydraulischen Druck auf die Bremskolben und die Bremssättel zu übertragen. Sie bestehen in der Regel aus einer mehrschichtigen Gewebeeinlage mit einem festen Gummimantel.

Alternativ dazu gibt es mit Stahlgeflecht ummantelte Bremsschlauchleitungen. Das Besondere an den so genannten Stahlfelxleitungen ist neben ihrer Langlebigkeit ihre Eigenschaft, sich bei Druck weniger zu weiten. Mit dem positiven Effekt, dass der Druckpunkt am Bremspedal exakter und der Bremsvorgang genauer dosiert werden kann. In der Regel werden Stahlflex-Leitungen mit einer ABE ausgeliefert und sind somit eintragungsfrei. In seltenen Fällen kann es aber sein, dass das betreffende Fahrzeug nicht in der Fahrzeugliste aufgeführt ist, was dann für eine Eintragung ein Teilegutachten unabdingbar macht. Da es sich bei der Umrüstung auf Stahlflex-Leitungen nicht um eine „bauliche Veränderung" des Fahrzeugs handelt, ist sogar das Erlangen einer H-Zulassung kein Problem: Laut §23 der StVZO sind Veränderungen, die der Sicherheit dienen, erlaubt.

Umbau einer Bremsanlage

Immer wieder stolpert man im Internet über die Frage, wie groß eine Bremsanlage bei welcher Motorleistung sein muss. Diese Frage kann aber nur sehr schwer beantwortet werden. Allerdings gibt es natürlich Parameter, die definieren, was eine Bremsanlage leisten muss: In erster Linie muss sie das Fahrzeug dauerhaft, sicher und komfortabel zu jedem Zeitpunkt von der möglichen Höchst-

Bunte Auswahl: Der Zubehörmarkt hält ein großes Angebot an Bremskomponenten und Umrüstsets bereit.

Platzprobleme: Bei Montage der größeren Bremsanlage muss die Freigängigkeit der Räder gewährleistet sein.

geschwindigkeit zum Stehen bringen. Die Aussage, dass die Werte auf dem Bremsenprüfstand einzig und alleine relevant sind, ist nur halbwahr. Denn bei dieser Prüfung rollt das Fahrzeug mit 6 km/h und kann natürlich keine Werte liefern, die dokumentieren würden, wie sich das Bremsverhalten bei 250 km/h auswirkt. Generell kommt es bei der Bremsanlage kommt darauf an, welches Gewicht das Fahrzeug hat und welche Höchstgeschwindigkeit das Fahrzeug erreicht. Als Faustregel gilt: Die Bremsanlage muss immer leistungsstärker sein als das Fahrzeug, auf welchem sie verbaut ist. Dann geht definitiv nichts schief.

Immer wieder sieht man, dass beispielsweise Fahrzeugbesitzer aus dem „Golf-Lager" überdimensionierte Bremsanlagen

aus Zuffenhausen verbauen. Wie wir ja eben gelernt haben, ist sowas grundsätzlich möglich. Man könnte sogar fast sagen, gerne gesehen und ist – sofern die Adaptionen zulässig sind und auch die Freigängigkeit der Bauteile gewährleistet ist – auch eintragungsfähig.

Apropos Freigängigkeit: Eine große Bremse füllt natürlich den Platz hinter der Felge sehr gut aus. Aber Vorsicht: Es darf nicht zu eng werden. Auch hier gibt das VdTÜV Merkblatt 751 genaue Auskunft. Der Abstand der Bremse zum Wuchtgewicht muss mindestens 2 mm betragen; beim Abstand Felge-Bremse sind 4 mm ausreichend.

ANGZWFLT.
PRAXISTIPP

Einfacher ist es, wenn man, wie ich, von einem leistungsstärkeren Fahrzeug desselben Herstellers die Bremsanlage übernimmt. Hier war der Fall relativ simpel: Da ich mich bei meinem „zwo-achter" bewusst für den 330er „Anker" des schwereren und leistungsstärkeren Nachfolgemodells entschieden habe, waren die Teile ja bereits geprüft. Zudem ließen sich die meisten Komponenten relativ einfach via „Plug & Play" montieren.
Bei solchen Umbauten muss außerdem darauf geachtet werden, dass auch Bremskraftverstärker und Hauptbremszylinder auf die technisch notwendige Größe anpasst werden. Sonst fehlt die entsprechende Leistung, damit die gesamte Bremsanlage sauber funktioniert.

Beim Thema Bremsen-Tuning greifen viele automobile Individualisten ins Zubehörregal und wählen optisch schicke Bremsscheiben mit tollen Mustern, Löchern und Einkerbungen und kombinieren hier gerne grüne, blaue oder rote Bremsbeläge. Auschlaggebend für die Kaufentscheidung sind nicht selten Erfahrungsberichte aus einschlägigen Foren im Internet, wo User erzählen, welche Kombination die angeblich Beste ist. Natürlich kann man die Bremskomponenten einzeln zusammenstellen. Ich rate aber dringend davon ab, bei asiatischen Internetplattformen beispielsweise eloxierte oder hochglanzpolierte Bremssättel zu kaufen. Mit an Sicherheit grenzender Wahrscheinlichkeit werden dafür und andere Billigteile wie zu weiche Alu-Bremsenträger keine Dauerfestigkeits- oder sonstige Materialnachweise vorliegen, die für eine Eintragung notwendig wären. Besonders im Bereich der Bremsanlage ist es absolut wichtig, dass alle verbauten Teile den ständigen Vibrationen, Reibungen, Lastwechseln und auch den thermischen Belastungen in jeder Situation zu 100 % standhalten.

Nochmal zur Erinnerung, weil mir das Thema wirklich wichtig ist: **Alle** Bauteile einer Bremsanlage müssen in jedem Fall nach den Richtlinien und Vorgaben der ECE R90 geprüft und freigegeben sein. Um allen Problemen aus dem Weg zu gehen, solltet ihr bei der Auswahl der Tuning-Parts darauf achten, dass es eine ABE oder ein Teilegutachten gibt, womit der Verwendungsbereich klar definiert wird.

Wenn eine nicht originale Bremsanlage verbaut werden soll, so ist eine Abnahme nach VdTÜV Merkblatt 754 notwendig. Mit „originaler Bremsanlage" ist jene Ausführung gemeint, die serienmäßig am jeweiligen Fahrzeug vorgesehen ist: Bei Umrüstung auf die Bremse eines stärkeren Nachfolgemodells desselben Herstellers oder bei Einbau einer

Vorsicht vor blinkenden Teilen aus dem Billigregal: Häufig taugen diese Komponenten nur für Show-Cars, die nicht im öffentlichen Straßenverkehr bewegt werden sollen.

Bremse aus einem Serienfahrzeug einer anderen Marke und auch bei Montage eines selbst zusammengestellten Bremsen-Kits ist deshalb eine umfangreiche Prüfung angesagt. Hierbei werden mit einem Pedalkraftmesser und einem Verzögerungsmessgerät sowohl das Kaltbrems- als auch das Warmbremsverhalten überprüft. Zudem wird bei einer Probefahrt im Grenzbereich ermittelt, ob ABS und ESP sauber arbeiten und keine der Achsen überbremst. Diese Prüfung ist auch wieder relativ aufwändig und kann nicht an jeder Prüfstelle durchgeführt werden. Daher solltet ihr euch idealerweise für eine Bremsanlage mit Teilegutachten entscheiden.

Zu einer konsequenten Bremsenumrüstung gehören selbstverständlich Stahlflex-Leitungen (siehe auch weiter oben). Diese sind relativ problemlos eintragbar, weil laut §23 der StVZO eine Veränderung, die der Sicherheit dient, immer erlaubt ist, wenn die Teile über eine ABE oder ein Teilegutachten verfügen.

Übrigens: Der Zustand der Bremsanlage ist aber nicht nur ein wichtiger Punkt in Sachen Tuning, sondern auch bei jeder Hausfrau, dem Rentner oder dem einfachen Daily Driver. Bei jeder Hauptuntersuchung nach §29 StVZO (umgangssprachlich auch HU oder TÜV genannt), wird die Bremse akribisch durch eine Sicht-, Funktions- und Wirkungsprüfung unter die Lupe genommen. Sollte es hier Auffälligkeiten geben, stellt dies einen „erheblichen Mangel" dar und die Nummer ist gelaufen. Das Problem bei Bremsen im Alltag ist, dass der Verschleiß ein „schleichender" Prozess ist, den man beim täglichen Fahren nicht wirklich wahrnimmt. Erst wenn man die defekten oder ausgelutschten Komponenten erneuert, wird man feststellen, wie gut es sich anfühlt, wenn man das Bremspedal nur leicht antippt und der Hobel viel schneller zum Stehen kommt.

Tückisch: Der Bremsenverschleiß erfolgt schleichend – man merkt erst nach der Montage neuer Teile, wie verschlissen die alte Bremse war. Deshalb: Regelmäßig Sichtprüfungen durchführen!

INTERIEUR – LENKRÄDER, KÄFIG & CO.

Interieur – Lenkräder, Käfig & Co.

SCHÖNER WOHNEN MIT LACK UND LEDER

Persönlich stehe ich ja auch auf den großen Auftritt, gerade wenn es ums Thema Interieur-Tuning geht. Leider ist dieser Trend in den letzten Jahren etwas in den Hintergrund geraten. Ein Grund dafür ist die Tatsache, dass viele „Tuning"-Autos nur noch geleaste Fahrzeuge sind, die lediglich mit schicken Felgen und einem tiefen Fahrwerk ausgestattet werden. So kann man nach 36 Monaten in einer Samstagsaktion das Fahrzeug wieder problemlos in den Serienzustand zurückbauen, um es nach dem Wochenende wieder dem Autohaus vor die Tür zu stellen. Ein anderer Grund könnte sicherlich das jeweilige Budget sein, das schon durch Felgen und Fahrwerk extrem belastet wird und keinen Spielraum mehr für individuelle Lederarbeiten eines Sattlers lässt.

Eigentlich ist diese Entwicklung sehr schade, denn im Fahrzeuginnenraum gibt es natürlich unzählige Möglichkeiten zur Individualisierung. Wir wollen uns ausgesuchte Veränderungsoptionen hinsichtlich ihrer TÜV-Relevanz etwas genauer anschauen.

Viel Spielraum für Exklusivität: Bei der Gestaltung des Innenraums sind der Kreativität (fast) keine Grenzen gesetzt.

PRAXISTIPP

Zu den auffälligsten Gestaltungsmöglichkeiten gehört in erster Linie die Materialauswahl. Hier meine persönliche Empfehlung, die ich jedem Tuner nur dringend ans Herz legen kann: Egal, ob Stoff- oder Lederdesign – ihr solltet euch nicht für ein helles oder gar weißes Armaturenbrett entscheiden, denn es kann sich äußerst nervig in der Frontscheibe spiegeln.

Generell interessiert es den Prüfer herzlich wenig, welche Materialien oder Farben ihr im Innenraum verwendet und wie die Arbeiten

Kreativ und aufwändig: Die Zusatzanzeigen für Luftfahrwerk und Motorparameter sind perfekt in das neue Innenraumkonzept integriert.

ausgeführt sind. Bei den Sitzen ist auf jeden Fall wichtig, dass die Funktion der Seitenairbags (sofern vorhanden) bei der Veränderung des Bezugs nicht beeinträchtigt wird – auch wenn der Sattler eures Vertrauens dies zwar wissen sollte, sprecht ihn sicherheitshalber noch einmal darauf an.

Beim **Lenkrad** sieht die Sache schon ganz anders aus: Wenn das Lenkrad nämlich über einen Airbag verfügt, dann ist hier nicht ohne Weiteres eine neue Rinderhaut aufzubringen. Der so genannte Pralltopf am Lenkrad ist nämlich so konstruiert, dass er an einer Sollbruchstelle aufreißt, damit sich im Falle einer Kollision der Airbag auch schnell öffnen kann. Wenn diese Funktion nicht mehr gewährleistet sein sollte, dann kann es bei einem Unfall passieren, dass nach Zündung der Treibladung der Airbag-Prallkörper mit einer Geschwindigkeit von ca. 300 km/h in Richtung Gesicht des Fahrers unterwegs ist. Hier sorgt er dann für eine nachhaltige Neugestaltung der Gesichtszüge.

Auch ein sehr begehrtes Feature: das **Sportlenkrad**. Bei vielen Tuning-Konzepten passt das äußere Upgrade auf die Sportversion des Modells (bei BMW die M-Ausführung oder bei VW die GTI-Version oder die R-Linie) irgendwann nicht mehr zum Serienlenkrad. Eine Umrüstung mit einem Lenkrad aus der Sportline des jeweiligen Typs ist im Prinzip problemlos möglich, da es ja zum werksseitigen Ausstattungs- bzw. Zubehörprogramm gehört. In dem Fall ist das „neue" Lenkrad für den jeweiligen Fahrzeugtyp geprüft und freigegeben.

Nachrüst-Lenkräder sind in der Regel nur in Kombination mit der Serienbereifung geprüft. Hier sorgt ein Blick in die Auflagen der ABE dafür, dass man bei der Eintragung nicht

Links: Ein Volant aus der Sportversion der jeweiligen Modellreihe ist die einfachste Art der Umrüstung.

Rechts: Nur eine spezielle Nabe ermöglicht die Montage eines Lenkrads ohne Airbag.

auf Probleme mit dem Prüfer stößt. Sofern das Fahrzeug vom Serienstand abweicht – wovon bei unseren Überlegungen ja eigentlich ausgegangen werden kann –, dann muss das neue Lenkrad durch einen Fahrversuch in Kombination mit der montierten Rad-Reifen-Kombination geprüft und eingetragen werden. Je nach Fahrzeug kann es bei der Kombination von (deutlich) kleinerem Lenkrad und breiten Reifen dazu kommen, dass deutlich größere Lenkkräfte aufgebracht werden müssen.

ANGEZWELT.
PRAXISTIPP

Wichtiger rechtlicher Hinweis: Arbeiten an Lenkrädern mit Airbag und Gurtstraffsystemen dürfen nur von sachkundigen/befähigten Personen für pyrotechnische Arbeitsmittel vorgenommen werden. Alle Arbeiten rund um Bauteile mit pyrotechnischem Antrieb dürfen außerdem nur von gewerblichen Betrieben durchgeführt werden. Wenn ihr den Fachkundenachweis im Rahmen eures Berufes erlangt habt, dürft ihr in eurer Freizeit (also als Privatpersonen) NICHT am Airbag arbeiten.

Wie sieht es aus, wenn man das **Airbag-Lenkrad** gegen eine Ausführung ohne „Luftsack" tauschen möchte? Eine solche **Rückrüstung** ist nur dann möglich, wenn das betreffende Fahrzeug zum Zeitpunkt der Erlangung der EG-Typengenehmigung alle geltenden Vorschriften zum Insassenschutz auch ohne Airbag erfüllt hat. Das wäre beispielsweise bei Fahrzeugen der Fall, die zu ihrer Zeit – wir reden hier de facto von Young- und Oldtimern, die mindestens 20 Jahre alt sind – wahlweise ohne und mit Airbag angeboten wurden. Wenn euer Fahrzeug diese Randbedingungen erfüllt, ist die erste Hürde bereits erfolgreich genommen. Um die Idee technisch umzusetzen, wird in jedem Fall eine geprüfte, so genannte Rückrüstnabe benötigt. Sie ist mit einem Airbag-Widerstand ausgerüstet, um die Warnleuchte zu überbrücken. Außerdem müssen diese Naben verformbar sein, um bei einem Unfall bzw. Aufprall einen Teil der wirkenden Kräfte aufnehmen zu können. Wenn Nabe und Lenkrad besorgt sowie alle Auflagen laut ABE oder dem Teilegutachten erfüllt sind, dann gilt auch hier für die Umbauaktion: Nur gewerbli-

„Racing only": Geschüsselte Lenkräder sind nur für den Motorsporteinsatz erlaubt.

che Betriebe mit geschultem Personal dürfen Arbeiten am Airbag-System durchführen.

Ein Umbau des Lenkrads muss unverzüglich einem Sachverständigen zur Abnahme vorgeführt werden. Grundsätzlich muss jedes nachgerüstete Lenkrad der Richtlinie zur Prüfung von Sonderlenkrädern entsprechen. Fehlt dieser Nachweis, wie bei Motorsportlenkrädern, ist eine Eintragung nicht möglich.

PRAXISTIPP

***Geschüsselte Lenkräder,** wie wir sie aus dem Motorsportbereich kennen, optimieren die Sitzposition des Fahrers und sehen außerdem sehr sportlich aus. Und: Sie sind leider generell **verboten**. Auch Markenhersteller bieten keine Papiere an, mit denen eine Eintragung dieser Lenkräder für den Straßenverkehr möglich ist. Eventuell vorhandene Homologationsunterlagen sind für eine Eintragung nach StVZO nicht relevant. Technischer Hintergrund: Unter anderem steht der Lenkradkranz deutlich weiter nach vorn (Richtung Fahrer), wodurch die Erreichbarkeit der Bedienelemente für Blinker und Scheibenwischer nicht mehr so gegeben ist, wie ursprünglich bei der Typzulassung abgenommen.*

Für ein ultimatives Motorsport-Flair sorgt natürlich ein **Überrollkäfig**. Eine Sicherheitszelle aus verschweißten oder verschraubten Rohren erhöht nicht nur die (Verwindungs-) Steifigkeit des Fahrzeugs, sondern dient bei einem Unfall bzw. Überschlag als potenzieller Lebensretter für die Insassen.

Ein – in diesem Fall geschraubter – Überrollbügel dient der Sicherheit und zur Versteifung der Karosserie.

In unserem Tuning-Bereich geht es vor allem um die optischen Reize einer solchen Zelle, die bevorzugt aus Alu oder Stahl gefertigt wird. Alu hat den Vorteil, dass es gerade im Bereich der Showfahrzeuge sehr leicht ist, jedoch ist sein Sicherheitsbeitrag im Ernstfall deutlich geringer als bei einer Stahlvariante. Überrollkäfige können mit der Karosserie verschraubt oder verschweißt werden. Falls geplant ist, dass der Käfig mit der Karosse eine „untrennbare" Verbindung eingehen soll, ist

Eingeschweißte Überrollkäfige sind besonders hinsichtlich der Karosseriestruktur sehr effektiv (Stichwort Ring-Tool), aber die Eintragung ist nicht unproblematisch.

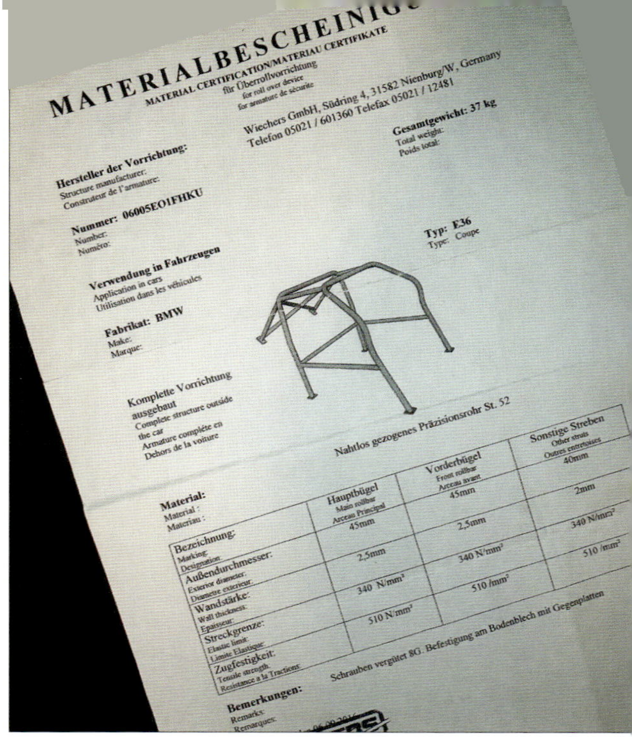

Wie immer: Ohne Papiere geht mal gar nichts …

es ratsam, sich vorher mit einem Sachverständigen zu besprechen: Die Eintragung einer Einschweißzelle ist nicht immer so einfach und führt auch gerne mal zu Komplikationen bei der Abnahme.

Bei einer Schraubzelle hingegen ist das alles etwas entspannter. Hier gibt es vom Hersteller in der Regel eine Materialbescheinigung oder ein Herstellergutachten, wo klar definiert ist, dass diese Zelle für das jeweilige Fahrzeug konstruiert wurde. Eine Schraubzelle wird, je nach Ausführung, an verschiedenen Stellen im Fahrzeug fest mit der Karosserie verschraubt. Hierzu ist es notwendig, Löcher für die Befestigungsschrauben in den Fahrzeugboden zu bohren. Achtung: Bohrlöcher in der Karosse unbedingt mit Rostschutz versiegeln!

Wenn der Käfig dann seinen festen Platz im Innenraum gefunden hat, muss auf jeden Fall das mitgelieferte Typenschild gut sichtbar am Käfig angebracht werden, damit der Sachver-

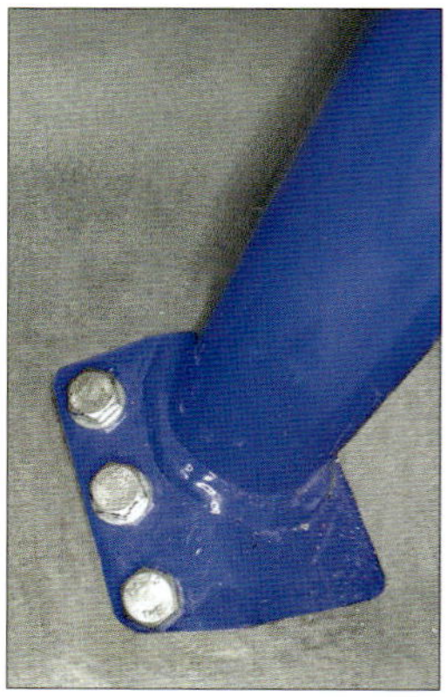

Links: Vorteil: Verschraubte Bügel können bei Bedarf wieder ausgebaut werden.

Unten: Wichtig: Nach der Montage den Rostschutz nicht vergessen!

Das Typenschild muss stets sichtbar angebracht sein.

ständige schnell nachvollziehen kann, dass das Ding da rein darf. Der Einbau eines Käfigs bedarf immer einer Einzelabnahme und muss unverzüglich nach der Montage von einem Prüfer eures Vertrauens abgenommen werden. Für eine erfolgreiche Eintragung des Käfigs bei einem 4- oder 5-Sitzer ist es notwendig, die hinteren Gurte und deren Befestigungspunkte zu entfernen. Mit dieser Maßnahme wird ein mögliches „Anschnallen" auf den hinteren Plätzen ausgeschlossen und das Fahrzeug kann nur noch als reiner 2-Sitzer genutzt werden.

Es gibt noch eine ganz wichtige Regel für den Einbau eines Käfigs: Schützendes Polster-Material verbauen! Besonders im Bereich der Rohre und Streben, an denen man sich stoßen könnte, müssen ausreichend stoßabsorbierende Polster angebracht werden. So soll im Ernstfall die Verletzungsgefahr für den Kopf verringert werden.

Die „kleine" Variante des Überrollkäfigs ist der Bügel. Diese so genannten Clubsport-Bügel erfüllen sicherlich auch ihren Sicherheitsaspekt, dienen aber meiner Meinung nach in erster Linie nur der sportlichen Optik. Namhafte Hersteller sind bereits in der Entwicklung soweit, dass solche Bügel ohne Schraubenbohrungen oder Schweißpunkte auskommen: Sie werden lediglich an den originalen Gurtbefestigungen hinter den vorderen Sitzen und den ISOFIX-Punkten angebracht. Aber Vorsicht: Bei neueren Fahrzeugen ergibt sich immer wieder die Problematik, dass diese Bügel im Entfaltungsbereich von Kopf- oder Seitenairbag stehen und damit eine deutliche Gefährdung beim Unfall hervorrufen können. Entweder sprengt der Airbag den Bügel weg oder der Bügel bleibt stehen und sprengt den Sitz weg. Beides nicht besonders wünschenswert ...

Unverzichtbar: Eine ausreichende Polsterung ist ein wichtiges Kriterium für die Eintragung.

Bei vielen Tuning-Projekten passt auch ein Überrollbügel ins Konzept.

ANGZWELT.
PRAXISTIPP

Wenn der Seitenairbag bzw. die A- und B-Säulen-Airbags in der EG-Typgenehmigung optional aufgeführt sind, dann können diese Sicherheitseinrichtungen ausgetragen werden. Darüber kann aber immer nur der Sachverständige vor Ort im Einzelfall und anhand aller notwendigen Dokumente entscheiden. Also gilt auch hier: Vorher nachfragen und abklären!

Farbenpracht: Zubehörfirmen bieten farbige Dreipunkt-Gurte an. Teilweise wird man auch im Zubehörprogramm des jeweiligen Fahrzeugherstellers fündig …

Sicherheitsgurte – Safety First oder auch die perfekte „Ladungssicherheit"!

Aber bevor wir uns den Mehrpunktgurten aus dem Motorsport widmen, fangen wir einmal ganz vorne beim klassischen Anschnallgurt an. Fahrzeughersteller titulieren so etwas auch gerne als Rückhaltesystem. Ein Sicherheitsgurtsystem besteht in der Regel immer aus einer Kombination aus Gurtbändern und Befestigungsbeschlägen, die beim Aufprall die Verletzungsgefahr der Insassen reduzieren sollen. Bereits im Jahre 1902 wurde bei einem Hochgeschwindigkeitswagen in New York der erste Sicherheitsgurt in einem Fahrzeug verbaut, der aber mit den heutigen nicht zu vergleichen ist. 1959 ließ der schwedische Volvo-Ingenieur Nils Ivar Bohlin den Dreipunkt-Sicherheitsgurt patentieren. Diese Erfindung wurde vom Deutschen Patentamt im Jahre 1985 zu einer von acht Erfindungen gekürt, die der Menschheit in den vergangenen 100 Jahren den größten Nutzen brachte. Die ersten in Automobilen verbauten Sicherheitsgurte waren lediglich eine Art statischer Beckengurt, die immer nach dem Anlegen erst noch stramm gezogen werden musste (wie im Flugzeug). Aufgrund der eingeschränkten Bewegungsfreiheit weigerten sich viele Menschen, einen solchen Gurt zu benutzen.

Die Einbaupflicht in Neuwagen ab 1. Januar 1974 wurde mit der Einführung einer neuen europäischen Typprüfung ECE und nach amerikanischem Vorbild mit der vorgeschriebenen Gurtöffnung durch Druck auf eine rote Taste kombiniert. Zum 1. Januar 1976 trat in Deutschland die Anschnallpflicht auf den Vordersitzen in Kraft – aber erst ab 1984 wurde bei Verstößen auch ein Bußgeld von 40 Mark erhoben. Heute gibt es keinen Grund, den Sinn der Gurtpflicht anzuzweifeln.

Seit 1. Mai 1979 wurden übrigens Sicherheitsgurte für die Rücksitze, ab 1. Januar 1988 Dreipunktgurte für die äußeren hinteren Sitze von neu zugelassenen Pkw vorgeschrieben. Seit 1. Juli 2004 müssen in Deutschland alle neu zugelassenen Pkw auf allen Sitzen mit Dreipunktgurten ausgerüstet sein. Der hinten in der Mitte übliche Beckengurt ist nicht mehr erlaubt. Es besteht aber keine Nachrüstpflicht, da der Einbau von Dreipunkt-Sicherheitsgurten hier in der Konstruktion nicht vorgesehen war.

In heutigen Fahrzeugen müssen die verwendeten Dreipunktgurte laut ECE-Regelung Nr. 16 mindestens 46 mm breit und 1,2 mm stark sein, um eine Last von mindestens 980 daN aufnehmen können.

Warum erzähle ich euch aber das ganze Kleingedruckte? Ganz einfach: Immer wieder gibt es Firmen, die unseren Markt mit individualisierten, farbigen oder bestickten Sicherheitsgurten überschwemmen. Hier ist maximale Vorsicht geboten, denn der Sicherheitsgurt soll ja nicht „nur" gut aussehen, sondern eben seinen Zweck erfüllen. Wer also davon überzeugt ist, sich neongrüne Gurte aus „der Bucht" in seinem Fahrzeug zu verbauen, riskiert nicht nur sein Leben, sondern bekommt bei der nächsten HU auch – hoffentlich – Stress mit dem Prüfer. Sicherheitsgurte müssen sehr hohe Standards erfüllen, in einer amtlich anerkannten Bauart ausgeführt und mit einem amtlichen Prüfzeichen gekennzeichnet sein.

Richtiges Motorsport-Feeling vermitteln die so genannten **Hosenträgergurte**. Diesen Vierpunktgurten dienen in der Regel Serienbefestigungspunkte zur Montage. Echte Gurtmuffel haben dieses Thema bestimmt schon lange überblättert, aber allen andern sei gesagt, dass das Auto nur dank dieser Gurte zwar bestimmt nicht schneller wird, allerdings sicherer. Voraussetzung für eine optimale Aufgabenerfüllung als Rückhaltesystem ist natürlich der korrekte Einbau – und die

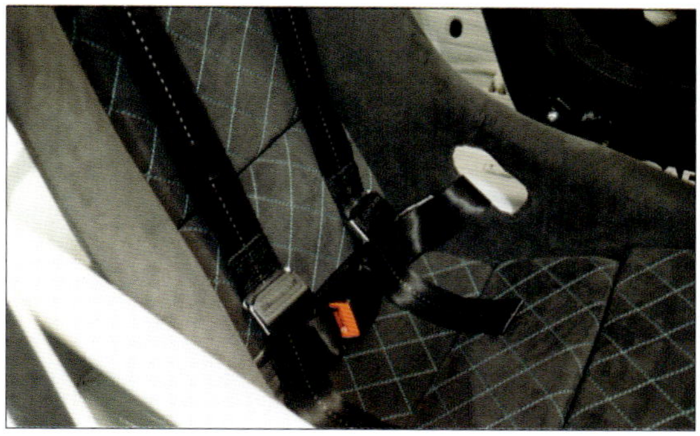

Perfekt: Hier haben die Sportsitze bereits Durchführungen für die Hosenträgergurte.

richtige Einstellung. Sonst besteht die Gefahr, dass man im Ernstfall unter den Beckengurt rutscht, mit schmerzhaften Folgen. Anbei zeige ich euch am Beispiel von SCHROTH, wie eine solche Vorgabe und Dokumentation im besten Fall aussehen sollte.

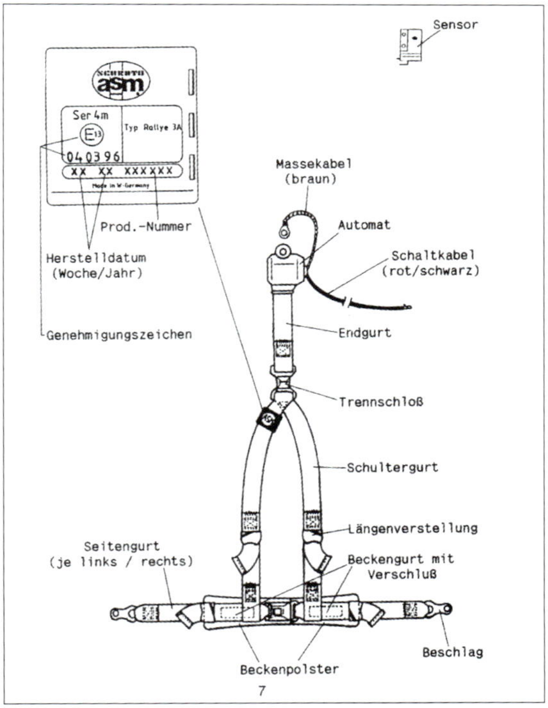

Der Klassiker: Automatik-Hosenträgergurte von Schroth bieten mehr Bewegungsfreiheit als statische Gurte.

Statische Hosenträgergurte sind für Motorsporteinsätze die beste Wahl, wobei ....

Hosenträgergurte mit Drehverschluss sind nicht eintragungsfähig. Der Gurtöffner muss ein roter Druckverschluss sein.

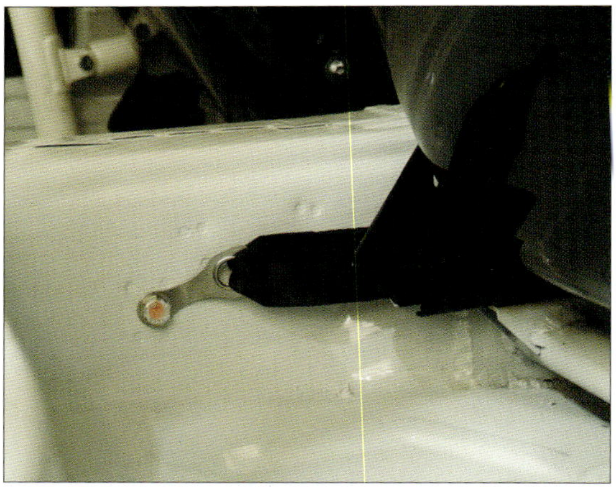

... auch hier teilweise vorhandene Befestigungspunkte genutzt werden.

Auch für die H-Gurte findet man im Netz unzählige Lieferanten vor allem billigster Produkte. An der Sicherheit sollte nie gespart werden, darum gilt auch hier: Keine „No Name"-Produkte kaufen, da niemand garantieren kann, dass die Dinger funktionieren, wie sie es sollen – wenn sie es müssen! Zu den bekanntesten Herstellern gehört die bereits erwähnte Firma SCHROTH aus Arnsberg. Wie im Falle von Tempo-Taschentüchern, steht der Name inzwischen häufig als Synonym für alle Hosenträgergurte. Namhafte Hersteller liefern ihre Produkte stets mit den notwendigen Papieren für euer Fahrzeug aus: Die Gurte verfügen über eine ABG (Allgemeine Bauartgenehmigung) nach ECE-R 16.04 und eine ABE. Somit sind sie eintragungsfrei und einfach zu montieren. Den Zuordnungslisten der Hersteller könnt ihr entnehmen, ob die Gurte für euer Fahrzeug zugelassen sind oder ob ihr gegebenenfalls vom Hersteller eine Unbedenklichkeitsbescheinigung für eine Einzelabnahme bekommen könnt. Dasselbe gilt natürlich auch für Sechspunktgurte.

Sportsitze – Der Thron muss passen

Aber sind wir doch mal ehrlich: Der coolste Gurt bringt nichts, wenn die Sitze nicht zum Rest des Konzepts passen. Aus genau diesem Grund bieten die Fahrzeughersteller ihre sportlichen Topmodelle bereits mit komfortablen Sportsitzen an. Oftmals verfügen diese Stühle sogar schon über eine integrierte

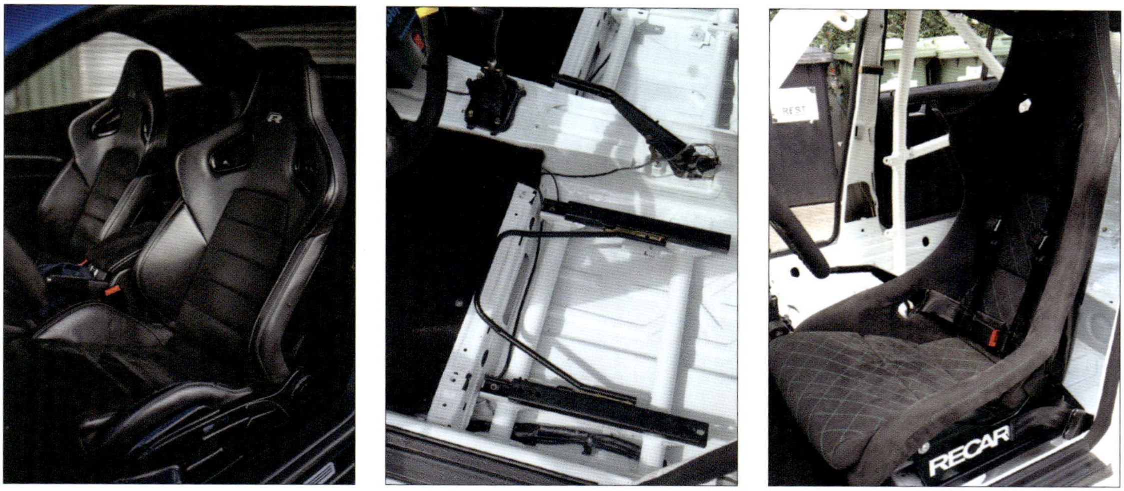

Wenn der Fahrzeughersteller im Zubehörprogramm keine attraktiven Sportsitze anbietet (Bild links VW R-Linie), dann muss man mit Hilfe einer passenden Konsole (Bild Mitte) dafür sorgen, dass das neue Gestühl sicher montiert werden kann.

So nicht: Eine selbstgeschweißte Konsole ist selbstverständlich nicht eintragungsfähig.

Gurtführung für Hosenträgergurte. Wenn das vorhandene Auto jedoch mit einem Gestühl aus Mitte der Neunziger aufgepolstert ist und man sich gefühlt beim Durchfahren einer jeden Kurve immer an irgendeinem Teil der Innenverkleidung abstützen muss, weil Seitenhalt für die Sitze ein Fremdwort ist, dann ist eine Nachrüstung solcher Sportsitze dringend ratsam. Es gibt unzählige Varianten, Formen und Farben zur Auswahl, die alle relativ problemlos verwendbar sind. Die meisten Sitze aus dem Zubehör verfügen über eine ABE und sind bereits für schmales Geld zu schnappen. Es muss lediglich darauf geachtet werden, dass der Sitz mit der werksseitig montierten Sitzkonsole harmoniert. Sollte dies nicht auf Anhieb der Fall sein, dann gibt es aber auch hier unzählige Anbieter diverser Konsolen und Adapter, die einen fachgerechten und ordentlichen Einbau ermöglichen. Sollten sich trotzdem nicht die passenden Konsolen und Adapter finden lassen, ist die Eintragung per Einzelabnahme noch ein gangbarer Weg. Dieses Vorhaben sollte aber in jedem Fall im Vorfeld mit einem Sachverständigen abgeklärt werden, denn nicht jeder Sportsitz kann in jedem Auto per Einzelabnahme eingetragen werden. Ab Erstzulassung 1998 muss ein Sitz die Anforderungen der EG erfüllen, wodurch im Klartext für jüngere Fahrzeuge nur noch Sitze mit ABE und entsprechender Konsole in Frage kommen.

Wie bereits beim Einbau eines Überrollbügels gilt auch in diesem Fall: Sofern der Seitenairbag im Sitz in der EG-Typgenehmigung optional aufgeführt ist, dann kann er ausgetragen werden. Die Entscheidung darüber kann aber immer nur der Sachverständige vor Ort im Einzelfall und anhand aller notwendigen Dokumente fällen. Also besser vorher nachfragen und abklären!

Kleines Beispiel am Ende dieses Themas: Wir haben ein zweitüriges Fahrzeug mit vier oder fünf eingetragenen Sitzplätzen. Die vollwertige Rücksitzbank ist nur durch Umklappen der vorderen Sitze erreichbar – Vollschalensitz undenkbar! Es sei denn, es wird beabsichtigt, dass dieses Fahrzeug zu einem reinen Zweisitzer umgebaut werden soll.

Die Pedalerie – Put the pedal to the metal

Zu einem sportlichen Ambiente gehört auch eine entsprechende Pedalerie. Grundsätzlich ist das Thema „Pedale" weniger verzwickt als andere Bereiche, da es ganz klare Auflagen gibt, die keinen Spielraum lassen. Wenn man

Sportliche Details: Diese Ausführung der Pedalauflagen sind nicht(!) für ein Fahrzeug gedacht, das im öffentlichen Straßenverkehr eingesetzt wird ...

sich beim Hersteller seines Fahrzeugs aus dem Originalteile-Regal mit Pedalen oder Pedalauflagen bedient, die aus demselben Modell mit einer sportlicheren Ausstattungslinie stammen, ist das eintragungsfrei und absolut problemlos machbar.

Wenn ihr euch aber am Rasthof im Shop irgendwelche LED-unterlegten „Hardcore Tuning Pedals" gönnt, muss unbedingt ein Nachweis über die Zulässigkeit erbracht werden und unter Umständen eine Eintragung erfolgen. Die genauen Details können auch dem Beipackzettel entnommen werden.

Pedale müssen IMMER so beschaffen sein, dass sie zu jeder Zeit vom Fahrzeugführer sicher zu bedienen sind. Auf solche Details haben die Prüfer ein wachsames Auge. Pedale ohne Beläge sind unzulässig, weil sie zu glatt sind. Wenn die Gummischicht zu stark abgenutzt ist, sollte man sich zur eigenen Sicherheit einen Satz neue Pedalauflagen gönnen.

Car-Hifi-Ausbau – Umweltschutz durch Bassantrieb?

Tuning findet nicht nur unter der Motorhaube oder an der Karosserie statt, sondern auch gerne mal im Kofferraum in Form einer Car-Hifi-Anlage. Aber worauf muss man hier wirklich achten – gibt es Umbauten, die eintragungspflichtig sind?

Ich erinnere mich noch gut an die glorreichen Zeiten der GFK-Ausbauten, als auf meiner Rückbank zwei 38er Woofer in einer MDF-Kiste für angemessenes Entertainment sorgten: stolze 147,7 dB(A) bei geschlossenen Scheiben. Damals habe ich erst gar nicht versucht, diesen Anlageneinbau eintragen zu lassen. Denn wer sein Fahrzeug als reinen Zweisitzer nutzen möchte – Umschreibung von vier bzw.

Full House: Dieser rollende Konzertsaal zeigt eine Hifi-Installation vom Allerfeinsten.

Alles für einen perfekten Sitz der Lausprecher: Hier wurden die Türverkleidungen mit Glasfasermatten und Harz neu geformt.

Lauter als der Fahrtwind: Hörvergnügen im Cabrio.

fünf Sitzen auf zwei – muss ein paar Dinge in Kauf nehmen: In diesem Fall müssen alle Gurtbefestigungspunkte demontiert und so gesichert sein, dass ein unkomplizierter Einbau der Gurte auszuschließen ist. Es muss sichergestellt sein, dass wirklich niemand mehr „legal" mitfahren kann. Logischerweise müssen solche Ausbauten auch „bombensicher" verbaut und mit der Karosserie verbunden sein. Im Falle einer Vollbremsung oder schnellen Kurvenfahrt darf nichts im Fahrzeug rumrutschen. Neben der Sicherheit muss allerdings auch die zulässige Gesamtmasse und das Zuladungsgewicht stimmen, denn so eine Anlage kann schnell zu schwer werden. Und das findet der Sachverständige dann auch ganz schnell nicht mehr so unterhaltsam, da das Fahrwerk dafür nicht ausgelegt ist. Was an Zusatzgewicht möglich ist, ergibt sich immer aus der Differenz zwischen zulässiger Gesamtmasse und dem Leergewicht. Bei Mittelklassefahrzeugen könnt ihr also im Schnitt schon zwischen 350 kg und 500 kg feinste Car-Hifi-Komponenten zuladen. Natürlich abzüglich des Gewichts von Fahrer und Beifahrer …

Ja, ich gebe zu: Das war natürlich ein Beispiel der Kategorie „extrem". Denn wenn man sich die heutigen Fahrzeuge mit ihren CAN-Bus-Systemen so anschaut, dann ist das für viele Car-Hifi-Jungs auch kein Zuckerschlecken mehr: Mal kurz die Headunit und andere Bauteile zu ersetzen und die neuen Komponenten in das vorhandene Netzwerksystem des CAN-Busses zu integrieren, ist schon ganz große Unterhaltungskunst. Hier ein Fehler – und es geht einfach nichts mehr. Aus diesem Grund werden bei den „neuen" Autos nur noch selten aufwändige Umbauten realisiert, was das Feld der dB-Monster auf Tuning-Events leider ausdünnt. Wer also lediglich die Türverkleidungen ummodelliert, sich eine Endstufe unter den Sitz schraubt oder eine Bassrolle im Kofferraum verschwinden lässt, kann sich jegliche Gedanken an eine Eintragung sparen.

GTI-Treffen Wörthersee 2017: Beim VW Golf GTI First Decade (der zehnte Azubi-Golf) wurde ein High-End-Soundsystem verbaut, bei dem 1690 Watt aus elf Lautsprechern und dem Subwoofer die Scheiben mal kräftig vibrieren lassen.

ANGZWELT.
PRAXISTIPP

Beim TÜV spielt die Musikleistung keine Rolle. Und selbst in der Straßenverkehrsordnung findet sich keine konkrete Dezibel-Grenze. Allerdings ist in diesem Regelwerk festgelegt, dass das Hörvermögen des Fahrers während der Fahrt nicht beeinträchtigt sein darf. Das gilt übrigens auch für das Fahren mit Kopfhörern. Wer allerdings den Regler soweit aufdreht, dass er von der Musik abgelenkt wird oder gar die Einsatzsignale von Polizei und Rettungsdiensten nicht hört, muss im Ernstfall mit einem Bußgeld rechnen. Ob die Musik zu laut ist, liegt also letztendlich im Ermessen von Polizei und Gericht. Bei einem Unfall kann ungeachtet der Schuldfrage bei „eingeschränkter Wahrnehmung durch zu laute Musik" eine Teilschuld festgestellt werden. Bei einer solchen groben Fahrlässigkeit zahlt dann auch die Versicherung nicht mehr ...
Ach ja: Auch beim Parken sollte man der Versuchung widerstehen, den Grenzbereich seiner Anlage zu testen. Hier droht ein Bußgeld wegen Lärmbelästigung.

WOB GO 6

LICHTTECHNISCHE EINRICHTUNGEN

Lichttechnische Einrichtungen

TURN ON THE LIGHT!

Keine Sorge – wir wollen euch an dieser Stelle nicht mit einem weiteren seitenstarken epochalen Werk zum Thema „Lichttechnische Einrichtungen" zu hochspezialisierten Lichttechnikern weiterbilden. Aber wir werden selbstverständlich auch hier versuchen, ein wenig „Licht ins Dunkel" zu bringen.

Licht am Fahrzeug wird seit vielen Jahren nicht mehr nur zur Ausleuchtung dunkler Fahrbahnen benötigt, sondern dient in der Automobilindustrie als gestalterisches Mittel zur Wiedererkennung. Früher waren Scheinwerfer langweilig geformt und auch die Lichtausbeute glich mehr einem Teelicht hinter Glas. Heute sind Scheinwerfer wohlgeformte Designelemente der Ingenieure, mit wirklich sensationellen Features wie unter anderem Abblendautomatik oder Kurvenlicht.

Der Gesetzgeber schreibt vor, dass alle am Fahrzeug **vorhandenen** lichttechnischen Einrichtungen jederzeit funktionieren müssen. Kurz: Alles was verbaut ist, muss bei Bedarf leuchten. Ab §49a der StVZO könnt ihr euch mit zahlreichen Paragraphen zu diesem Thema auseinandersetzen, wenn euch unsere Ausführungen nicht genügen sollten. Im Folgenden möchten wir die wichtigsten Fakten im Bereich der gesetzlichen Auflagen, Vorschriften und des Tunings mit euch durchgehen. Schließlich sind genug heiße Mythen um Legalität und Grauzonen in der Szene im Umlauf. In diesem Sinne: Licht an!

Egal, wie gut es aussieht: Nicht jede Individualisierung im Scheinwerferbereich ist legal.

Wiedererkennungsmerkmal: Schon immer dienten die Scheinwerfer den Designern als Mittel zur Gestaltung.

Für den Anbau der Beleuchtungs- und Lichtsignaleinrichtungen gelten sowohl nationale Vorschriften der StVZO § 49a bis 54 und 60, als auch harmonisierte Vorschriften der Regelungen der ECE R48 und 76/756/EWG für Kraftfahrzeuge und Anhänger. Der Vorschrift nach erlaubte Beleuchtungseinrichtungen sind in der Regel mit einem Prüfsiegel, einer ECE-Genehmigung, einer EG-Typengenehmigung oder einer Allgemeinen Bauartgenehmigung gekennzeichnet. Liegt ein solches Prüfzeichen oder eine Genehmigung für Eure Wunschbeleuchtung nicht vor, darf diese auch nicht am Fahrzeug verbaut werden.

Es gibt verschiedenste Leuchtmittel: Die genaue Typenbezeichnung (H1, H3, H4 usw.) steht in der Bord-Literatur. Wichtig: Beim Tausch einer dieser „Birnchen" (korrekte Bezeichnung: Glühlampe) immer darauf achten, dass diese bauartgenehmigt ist und eine entsprechende Kennzeichnung aufweist.

Gerne bedienen sich Tuner diverser Beleuchtungseinrichtungen vom US-amerikanischen oder asiatischen Markt, da diese oft stylischer und cooler daherkommen als die verbauten Serienteile. Problem an der ganzen Sache ist aber oft das fehlende e-Prüfzeichen auf diesen Rückleuchten und Schein-

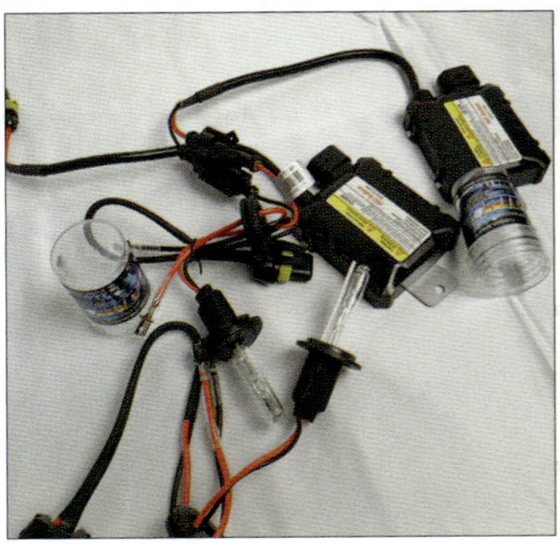

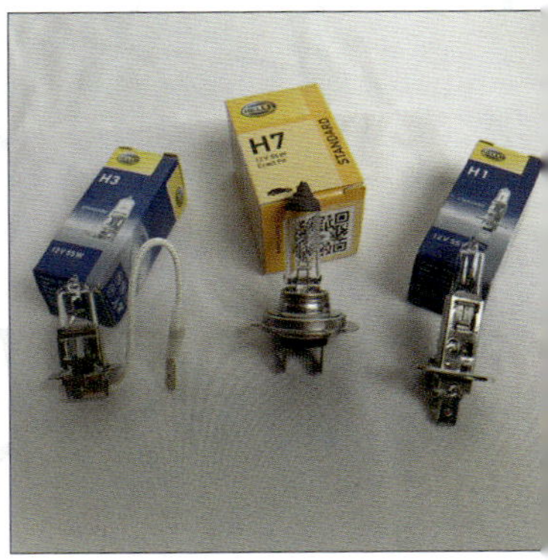

Preiswerte Xenon-Nachrüstsets haben meistens kein e-Prüfzeichen. Rechtes Bild zeigt die weit verbreiteten H3-, H7- und H1-Glühlampen.

werfern. Sollte das Fahrzeug, für das diese Bauteile bestimmt sind, beispielsweise nicht für den deutschen oder europäischen Markt vorgesehen sein, gibt es nur eine Möglichkeit: Solche Scheinwerfer oder auch andere Bauteile aus dem Import-Bereich lassen sich über die so genannte **„Etwa-Wirkung"** eintragen. Besonders im Bereich der Scheinwerfer gibt es hier aber Einschränkungen, denn Fern- und Abblendlicht sowie Nebelscheinwerfer sind von dieser Regelung ausgenommen. Wer jedoch unbedingt eine exotische Scheinwerferoption legal verbauen möchte, der kann gerne in meiner schönen Heimatstadt Karlsruhe beim Lichttechnischen Institut für ein paar hundert Euro ein lichttechnisches Gutachten erstellen lassen. Mit diesem Schriftstück kann man zumindest beim amtlich anerkannten Sachverständigen mal anfragen, ob die neue Beleuchtungseinrichtung eingetragen werden könnte.

Die Bedeutung der *„Etwa-Wirkung"*

Bestimmten Bauteilen kann der Sachverständige bedingt durch seine technischen und verkehrsrechtlichen Kenntnisse durch Begutachtung eine Etwa-Wirkung bescheinigen. Dazu zwei einfache Beispiele:

Eine amerikanische Bremsleuchte strahlt rotes Licht ab, wie man es bei europäischen Bremsleuchten gewohnt ist. Sie hat also in etwa die gleiche Wirkung und muss deshalb nicht umgebaut werden, obwohl im Gesetzestext die Ausrüstung mit einer bauartgeprüften (mit EG-/ECE-Kennzeichnung) Bremsleuchte grundsätzlich verlangt wird.

Die Verglasung entspricht nicht den EG-Vorschriften, weist aber die Aufschrift „DOT" auf. Sie entspricht damit den US-Standards, die ausreichen, um durch den amtlich anerkannten Sachverständigen vom TÜV SÜD eine Etwa-Wirkung zu bescheinigen. (Quelle: TÜV SÜD)

Die Ausführungen der Beleuchtungsanlage sind festgelegt in den „Anbauvorschriften der lichttechnischen Einrichtungen".

Selbstverständlich gibt es in unserem „automobilen Rechtssystem" nationale sowie internationale **Anbauvorschriften**. Wann welche Vorschrift gilt, hängt von der Art der Zulassung des Fahrzeugs ab (nationale oder EG-Zulassung). Wenn in den Fahrzeugpapieren im Feld „K" zum Beispiel E1*98/14*0051 steht, dann ist das ein Hinweis auf eine EG-Zulassung des Fahrzeugs.

Anbauvorschriften der lichttechnischen Einrichtungen

Netterweise hat mir der TÜV SÜD Unmengen an Unterlagen zu diesem wirklich trockenen Thema bereit gestellt, aus denen ich nun versuchen werde, die wichtigsten Anbauvorschriften verständlich wiederzugeben.

Scheinwerfer für Abblendlicht

Fundstelle: 76/756/EWG; StVZO § 50
Vorhandensein: Vorgeschrieben
Anzahl: Zwei
In der Breite: Max. 400 mm vom äußersten Punkt
In der Höhe: Unterkante mind. 500 mm über der Fahrbahn Oberkante max. 1200 mm über der Fahrbahnen
Einschaltkontrolle: Wahlfrei; grüne Kontrollleuchte
Leuchtfarbe: Weiß

Definitionen gemäß ECE-R 48

Abblendlicht: Die Leuchten, die dazu dienen, die Fahrbahn vor dem Fahrzeug auszuleuchten, ohne die Führer der entgegenkommenden Fahrzeuge und andere Verkehrsteilnehmer zu blenden oder übermäßig zu beeinträchtigen.

Scheinwerfer für Fernlicht

Fundstelle: 76/756/EWG; StVZO § 50
Vorhandensein: Vorgeschrieben
Anzahl nach ECE: Zwei oder vier
Anzahl nach StVZO: Zwei, max. vier (auch sechs, wenn davon vier Scheinwerfer versenkbar sind)
Lage nach ECE: Vorn am Fahrzeug, so dass der Fahrzeugführer nicht von Reflektionen gestört wird.
In der Höhe: Keine besondere Vorschrift
Einschaltkontrolle: Vorgeschrieben; blaue Kontrollleuchte
Leuchtfarbe: Weiß

Definitionen gemäß ECE-R 48

Fernlicht: Die Leuchten, die dazu dienen, die Fahrbahn auf eine große Entfernung vor dem Fahrzeug auszuleuchten

Fahrtrichtungsanzeiger (Blinker)

Fundstelle: 76/756/EWG; StVZO § 54
Vorhandensein: Vorgeschrieben
Bezeichnung vorn/seitlich/vorn seitlich/hinten: 1, 1a, 1b / 5, 6 / >4 / 2a, 2b
In der Höhe nach EG-Richtlinie: Seitliche (Kategorie 5) 500 bis 1500 mm, bauartbedingt bis 2300 mm; übrige (Kategorie 1 bis 2b) 350 bis 1500 mm, bauartbedingt bis 2100 mm
In der Höhe nach StVZO: Nicht reglementiert
Einschaltkontrolle: Vorgeschrieben (optisch oder akustisch)
Leuchtfarbe: Gelb

Definitionen gemäß ECE-R 48

Fahrtrichtungsanzeiger: Die Leuchten, die dazu dienen, anderen Verkehrsteilnehmern anzuzeigen, dass der Fahrzeugführer die Absicht hat, die Fahrtrichtung nach links oder rechts zu ändern.

Warnblinkanlage

Fundstelle: 78/316/EWG; 76/756/EWG; StVZO § 53a
Vorhandensein: Vorgeschrieben
Elektr. Schaltung: Mittels eines besonderen Schalters zur synchronen Funktion aller Fahrtrichtungsanzeiger
In der Höhe / Breite: Wie Fahrtrichtungsanzeiger
Einschaltkontrolle: Warnblinkkontrollleuchte Rot und getrennte Kontrollleuchten/Pfeile Grün
Hinweis: Einschalten muss ausschließlich über separaten Schalter und auch bei ausgeschalteter Zündung erfolgen.
Leuchtfarbe: Wie Fahrtrichtungsanzeiger

Definitionen gemäß ECE-R 48

Warnblinkanlage: Das gleichzeitige Blinken aller Fahrtrichtungsanzeiger; es dient dazu, anderen Verkehrsteilnehmern die besondere Gefahr anzuzeigen, die das Fahrzeug im Augenblick für andere Verkehrsteilnehmer darstellt.

Nebelscheinwerfer

Fundstelle: ECE-R 48; StVZO § 52
Vorhandensein: Zulässig
Anzahl: Zwei
Leuchtfarbe: Weiß oder Hellgelb
In der Breite: Keine besondere Vorschrift
In der Höhe: Nicht höher als die Scheinwerfer für Abblendlicht; nach ECE mind. 250 mm
Kontrollleuchte: Grün, nicht blinkend

Definitionen gemäß ECE-R 48

Nebelscheinwerfer: Die Leuchten, die dazu dienen, die Ausleuchtung der vor dem Fahrzeug liegenden Fahrbahn bei Nebel oder anderen Verhältnissen mit verminderter Sicht zu verbessern.

Tagfahrleuchten

Fundstelle: ECE-R48; StVZO § 49a
Vorhandensein: Zulässig
Anzahl: Zwei
Anbauhöhe: Unterkante mind. 250 mm; Oberkante max. 1500 mm über der Fahrbahn
Anbaubreite: Abstand zwischen den Leuchten mind. 600 mm
Leuchtfarbe: Weiß
Hinweis: Tagfahrleuchten sind erst ab EZ 07.02.2011 Pflicht; Tagfahrleuchten dürfen am Tag bei Sichtbedingungen, die das Einschalten der vorgeschriebenen Fahrzeugbeleuchtung (Scheinwerfer) nicht erfordern, benutzt werden.

Definitionen gemäß ECE-R 48

Tagfahrleuchten: Nach vorn gerichtete Leuchten, die dazu dienen, das Fahrzeug bei Fahrten bei Tageslicht besser kenntlich zu machen.

Bremsleuchten

Fundstelle: 76/756/EWG; StVZO § 53
Vorhandensein: Vorgeschrieben
Anzahl: Mind. zwei; insgesamt zulässig drei oder vier

Leuchtfarbe: Rot; Gelb bei EZ vor 01.01.1983 zulässig

Definitionen gemäß ECE-R 48

Bremsleuchten: Die Leuchten, die dazu dienen, andere Verkehrsteilnehmer hinter dem Fahrzeug zu zeigen, dass die Längsbewegung des Fahrzeugs absichtlich verzögert wird.

Nebelschlussleuchten

Fundstelle: 76/756/EWG; StVZO § 53d

Vorhandensein: Vorgeschrieben, nach StVZO ab EZ 01.01.1991 und bbH > 60 km/h; ECE > 25 km/h

Anzahl: Eine oder zwei

Leuchtfarbe: Rot

Sonstiges: Abstand zur Bremsleuchte größer 100 mm; Nebelschlussleuchten dürfen nur in Verbindung mit Abblendlicht, Fernlicht oder Nebelscheinwerfern zuschaltbar sein und müssen sich unabhängig von den Nebelscheinwerfern ausschalten lassen.

Definitionen gemäß ECE-R 48

Nebelschlussleuchten: Die Leuchten, die dazu dienen, dass das Fahrzeugs bei dichtem Nebel von folgenden Verkehrsteilnehmern besser erkannt werden kann.

Rückfahrscheinwerfer

Fundstelle: ECE-R 48; StVZO § 52a

Vorhandensein: Vorgeschrieben; nach StVZO ab EZ 01.01.1987

Anzahl: Ein bis vier

In der Breite: Keine besondere Vorschrift

In der Höhe: 250 bis 1200 mm

Leuchtfarbe: Weiß

Hinweis: Rückfahrscheinwerfer dürfen nur bei eingelegtem Rückwärtsgang und eingeschalteter Zündung leuchten.

Definitionen gemäß ECE-R 48

Rückfahrscheinwerfer: Die Leuchten, die dazu dienen, die Fahrbahn hinter dem Fahrzeug auszuleuchten und anderen Verkehrsteilnehmern anzuzeigen, dass das Fahrzeug rückwärts fährt oder zu fahren beginnt.

Kennzeichenbeleuchtung

Fundstelle: 93/92/EWG; ECE-R48; StVZO § 60

Vorhandensein: Vorgeschrieben für hinteres amtliches Kennzeichen

Leuchtfarbe: Weiß

Hinweis: Gemäß FZV muss das hintere Kennzeichen so beleuchtet sein, dass es aus 20 Metern Entfernung deutlich abgelesen werden kann. Es darf kein Licht direkt nach hinten abgestrahlt werden.

Definitionen gemäß ECE-R 48

Kennzeichenbeleuchtung: Einrichtung, die dazu dient, den Anbringungsort für das hintere Kennzeichen zu beleuchten.

ANGZWELT.
PRAXISTIPP

Nebelscheinwerfer dürfen nicht als Tagfahrlicht missbraucht werden, da sie in der Regel sehr hell sind und andere Verkehrsteilnehmer blenden können. Auch die Polizei findet es wenig amüsant, wenn sie jemanden „im Kampfmodus" über die Straßen gleiten sieht – hier drohen empfindliche Bußgelder.

Keine Diskussion: Diese DIY-Ausführung ist unzulässig!

Pimp my light – Lack, Lasur & Folie

Wir alle wissen, dass es viele Tuner mit den Auflagen rund um die Beleuchtungsanlage nicht immer so ganz genau nehmen. Fakt ist

Selbstlackierte Scheinwerfer belasten das Verhältnis von Fahrzeugführer zum Prüfer oder zur Polizei nachhaltig.

jedoch nun mal, dass eine korrekt funktionierende lichttechnische Einrichtung das Signalbild des Fahrzeugs definiert und nicht willkürlich verändert oder negativ beeinflusst werden darf. Leider greifen viele selbsternannte Spezialisten zu primitivsten Methoden, um das Erscheinungsbild ihrer Beleuchtungsanlage zu verändern. Wie wir eben gelernt haben, sind alle Abstrahlfarben der verschiedensten Lichteinheiten klar definiert. Dennoch gibt es immer wieder Zeitgenossen, die sich verschiedenfarbige Sockelbirnen kaufen, die „Birnchen" mit Tauchlack „lasieren" oder sich billigster China Folie bedienen, um die Scheinwerfergläser zu folieren. Diese Art der „Modifikation" verändert maßgeblich die Lichtausbeute und den Streuwinkel des Lichts – und ist deshalb auch zurecht verboten! **Für alle Teile der Beleuchtungsanlage gilt: Folie gehört hier nicht verklebt!**

Schön und illegal: Lasierte Varianten sind in unseren Breitengraden verboten.

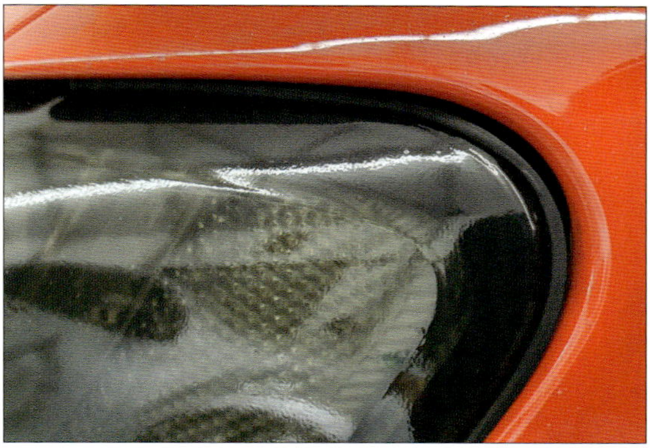

Gut gemacht: Bei so manchem Kandidaten, muss man schon genauer hinschauen …

Nicht nur angesichts des Lackläufers könnten einem hier die Tränen laufen …

Solche wirklich schlechten Veränderungen führen im besten Fall zum sofortigen Erlöschen der Betriebserlaubnis. Bei lasierten (mit Lack getönten) Rückleuchten oder Blinkergläsern – beides selbstverständlich auch unzulässig! – gibt es zusätzlich rechtliche Probleme, wenn im Falle eines Auffahrunfalls der Unfallgegner behauptet, er habe das Brems- oder Abbiegelicht gar nicht erst gesehen. Da stellt sich die Schuldfrage ganz schnell neu. Nicht auszudenken, was passieren würde, wenn durch so eine Nachlässigkeit Personen zu Schaden kommen würden …

Wenn sich die billige China-Folie vom Glas löst, …

ANGZWFLT.

PRAXISTIPP

Im Internet finden sich immer wieder gefälschte Gutachten, mit denen man angeblich keine Probleme haben soll, lasierte oder lackierte Leuchten im öffentlichen Straßenverkehr nutzen zu können. Mit diesen Fake-Dokumenten sollen ahnungslose Nachwuchstuner zum Kauf solcher Bauteile verführt werden. Polizei und Sachverständige kennen diese gefälschten Unterlagen selbstverständlich auch: Wer bei einer Kontrolle solch einen Wisch vorlegt, macht sich neben der Unzulässigkeit seiner Leuchten auch noch wegen Urkundenfälschung strafbar – Unwissenheit schützt vor Strafe nicht!

… brauchen wir über die Lichtausbeute vermutlich nicht mehr zu philosophieren.

Ein weiterer ungeeigneter Versuch, die Scheinwerferoptik zu individualisieren.

Alles eine Frage der Einstellung: Egal welches Leuchtmittel verwendet wird – nur mit richtig justierten Scheinwerfern klappt´s auch mit der Plakette.

Das magische X wie Xenon

Grundsätzlich spricht hier nichts gegen eine Umrüstung eines Fahrzeugs auf Xenon-Brenner. In der Regel liefert diese Technik im Vergleich zu den schwachen H4-Lämpchen eine deutlich bessere Lichtausbeute. Laut StVZO ist es nicht untersagt, Scheinwerfer mit Xenon-Leuchten am Fahrzeug anzubringen, wenn alle Voraussetzungen für eine sachgemäße Nachrüstung erfüllt sind. Für eine geplante Umrüstung ist es hilfreich, sich mit dem §50 der StVZO zu beschäftigen: Hier sind sämtliche Festlegungen definiert, die bei Bauteilen für das Fern- und Abblendlicht einzuhalten sind. Neben der korrekten Ausrichtung der Lampen und deren Lichtkegel, findet sich in diesem Paragraphen ein eigener Absatz, der sich mit Gasentladungslampen auseinandersetzt.

Auszug § 50 Absatz 10 StVZO

Kraftfahrzeuge mit Scheinwerfern für Fern- und Abblendlicht, die mit Gasentladungslampen ausgestattet sind, müssen mit

1. einer automatischen Leuchtweiteregulierung […],
2. einer Scheinwerferreinigungsanlage und
3. einem System, das das ständige Eingeschaltetsein des Abblendlichtes auch bei Fernlicht sicherstellt, ausgerüstet sein.

Die automatische **Leuchtweitenregulierung** soll gewährleisten, dass die deutlich helleren Lichtkegel der nachgerüsteten Xenon-Scheinwerfer weder zu hoch, noch zu tief eingestellt sind und somit eine Blendung anderer Verkehrsteilnehmer ausgeschlossen werden kann.

Eine **Scheinwerferreinigungsanlage** muss zusätzlich nachgerüstet werden, da bei Scheinwerfern mit extrem hoher Leuchtkraft bereits kleinste Verschmutzungen auf dem Scheinwerferglas zu einer optischen Beeinträchtigung des gesamten Systems führen können. Kleine Hochdruckdüsen befreien dabei mit viel Power das Scheinwerferglas von Verschmutzungen.

Aufgrund dieser zahlreichen Umbauvorgaben, bieten seriöse Anbieter komplette Xenon-Umrüst-Kits für alle gängigen Fahrzeuge an. Diese Kits beinhalten alle für den Umbau notwendigen Komponenten, wodurch eine Eintragung nach sachgemäßer Montage problemlos möglich ist. Beim Kauf eines solchen Kits unbedingt darauf achten, dass eine Allgemeine Betriebserlaubnis (ABE) beiliegt. Ansonsten verabschiedet sich nach dem Einbau neben der Betriebserlaubnis auch der Versicherungsschutz für das Fahrzeug.

Beliebte Umrüstung: Dezente Angel Eyes, dunkle Blinker (mit e-Prüfzeichen) und LED-Tagfahrlicht.

Weitere Lichtspiel-Variationen

Bei einer Umrüstung auf **LED-Technik** gilt im Wesentlichen das Gleiche wie bei Xenon-Lampen. Die Veränderung einzelner Komponenten eines Scheinwerfersystems sind unzulässig (beispielsweise LED-Standlicht). Wenn hingegen der komplette Scheinwerfer gegen LED-Ausführung ausgetauscht wird, ist der Umbau in Verbindung mit den notwendigen Belegen und einer zulässigen E-Prüfnummer zulässig.

Ach ja: LED-Lauflichter und pulsierende Scheinwerfer, wie es K.I.T.T. verbaut hatte, sind ausnahmslos (!) verboten und haben auf unseren Straßen auch nichts zu suchen.

Auch **Devil Eyes** und **Angel Eyes** erfreuen sich selbst nach all den Jahren immer noch großer Beliebtheit in der Szene. Der Einbau solcher Scheinwerfer ist grundsätzlich bedenkenlos realisierbar, wenn auch hier eine Bauartgenehmigung sowie die nötige E-Prüfnummer vorhanden sind. Angel Eyes und Devil Eyes übernehmen auch die Funktion einer Tagfahrleuchte und können, je nach Bauart, sogar einen integrierten Nebelscheinwerfer beinhalten.

US-Blinker stehen den meisten Autos gut – und sorgen in Deutschland für Probleme.

Sieht teuflisch gut aus: Devil Eyes an einem BMW E36.

Auch sehr begehrt: der **Umbau** auf **US-Standlicht**. Dabei wird die Beleuchtung so umgebaut bzw. codiert, dass die vorderen Blinker „dauerleuchten". Ein **gelb oder orange leuchtendes Standlicht** ist in Deutschland jedoch aufgrund der gesetzlichen Regelungen an Pkw, Lkw und Motorrad **nicht zulässig**. Ein oranges US-Standlicht eintragen zu

9

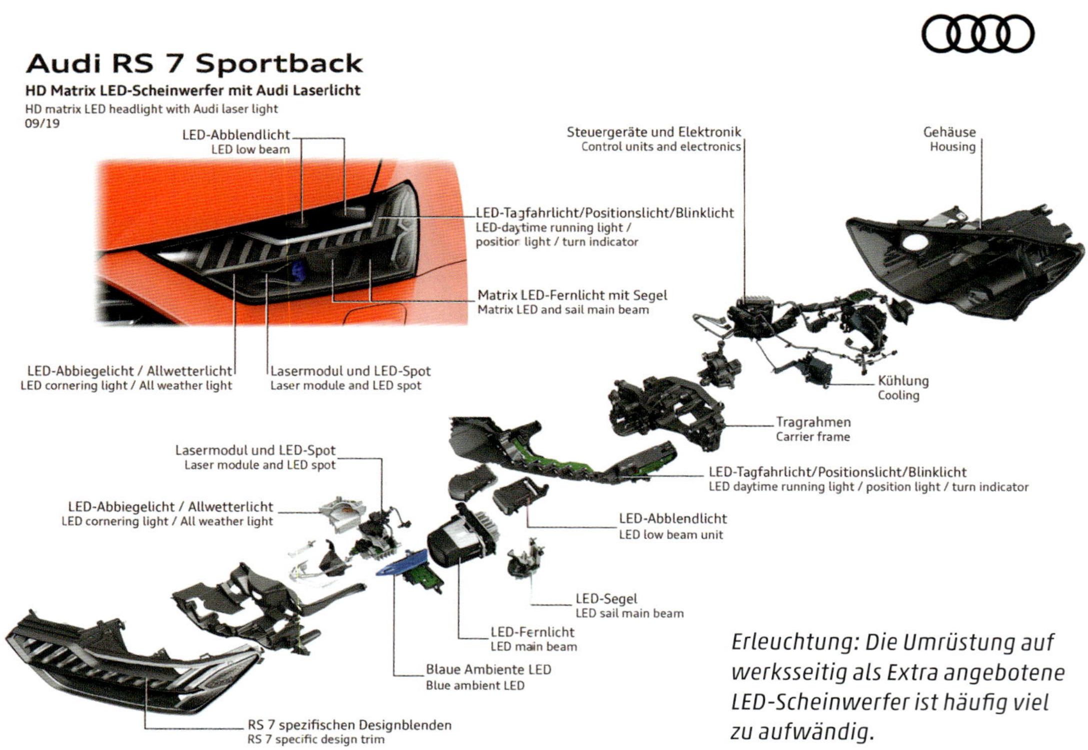

Erleuchtung: Die Umrüstung auf werksseitig als Extra angebotene LED-Scheinwerfer ist häufig viel zu aufwändig.

Legale Umrüstung: Mit Night Breaker LED H7 hat Osram im Jahr 2020 die erste LED-Nachrüstlampe mit TÜV-Freigabe für einige geprüfte Fahrzeugmodelle vorgestellt. Der Ersatz für die serienmäßigen H7-Halogenlampen kann problemlos selbst eingebaut werden. Das Licht der Osram-LED ist bis zu dreimal heller, als es die gesetzlichen Mindestanforderungen vorschreiben und farblich mit Tageslicht vergleichbar.

lassen, ist **nicht möglich**. Das gilt übrigens auch für Import-Fahrzeuge: Ein nach Deutschland eingeführtes Auto muss üblicherweise zur Abnahme einem Sachverständigen vorgestellt werden. Dieser wird ein US-Standlicht bemängeln. Der Prüfer kann bei weißem Licht unter Umständen eine Ausnahmegenehmigung ausstellen, sodass ein Umrüsten eventuell nicht notwendig ist. Das ist jedoch je nach Einzelfall zu entscheiden. Bei welchen Bauteilen dies möglich ist, legt die so genannte Importfahrzeug-Richtlinie fest.

PRAXISTIPP

Das Umfunktionieren der Seitenblinker zu Markierungsleuchten (Begrenzungsleuchten) ist ebenfalls nicht zulässig. Die Seitenblinker sind nicht als Markierungsleuchten geprüft.

Im Fahrzeug selbst bietet die **Innenraumbeleuchtung** ebenfalls ein Betätigungsfeld zur Individualisierung. Wir alle hatten bereits das Erlebnis, wenn uns auf der Landstraße ein Lkw mit extremer Kirmesbeleuchtung entgegen kommt: Hellerleuchtetes Führerhaus, Lichtlaufbänder, blinkende Logos und strahlende Weihnachtsbäume gehören zum Lifestyle der Trucker-Szene. Diese Art der Innenraumgestaltung ist jedoch im Straßenverkehr nicht zulässig, da sie andere Verkehrsteilnehmer ablenkt. LED-Innenbeleuchtungen sind nur dann zulässig, wenn sie während der Fahrt ausgeschaltet werden können und nicht nach außen abstrahlen. Gleiches gilt natürlich für uns Tuner: Alles was in einem Fahrzeug an Licht verbaut ist, muss abschaltbar sein und

Innenraumbeleuchtungen dürfen nicht nach außen strahlen.

darf keinen anderen Verkehrsteilnehmer irritieren. Dazu kommt die Problematik, dass der Fahrer selbst Schwierigkeiten bekommt, wenn die direkte Umgebung deutlich heller ausgeleuchtet ist als die dunkle Fahrbahn. Die Augen können sich nicht oder nur sehr schwer an die Gegebenheiten außerhalb des Fahrzeugs anpassen – mit der Folge, dass Hindernisse, Personen oder andere Verkehrsteilnehmer nur sehr schlecht oder viel zu spät erkannt werden.

Spätestens seit 2001, als in der wohl legendärsten und vermutlich erfolgreichsten Auto-Filmreihe Paul Walker und seine Crew laut, bunt und schrill durch die nächtlichen Straßen von Los Angeles rasten, begann ein neues Zeitalter im Tuning-Bereich. Zu diesem Zeitpunkt fanden auch die coolen **Unterbodenbeleuchtungen** schnell den Weg über den großen Teich zu uns. Leider sind diese Beleuchtungseinrichtungen aber im Straßenverkehr nicht zulässig und werden mit einem Bußgeld und sogar dem Entzug der Betriebserlaubnis geahndet.

Wenn eine solche Lichtanlage jedoch mit dem Schließmechanismus der Tür verbunden ist und sich nur aktivieren lässt, wenn die Tür zum Ein- oder Aussteigen geöffnet wird, kann durch eine Ausnahmegenehmigung so eine Unterbodenbeleuchtung eingetragen werden.

IMPORTFAHRZEUGE

Importfahrzeuge

AUTOMOBILE TRÄUME AUS ÜBERSEE – EINFUHRTIPPS

Damit das erforderliche Vorführen eines importierten Fahrzeugs, für das keine deutsche Typgenehmigung vorliegt, einheitlich abläuft, wurde im Dezember 1998 eine entsprechende Richtlinie im Verkehrsblatt bekannt gemacht. Sie ist seither bundesweit anzuwenden und maßgeblich für die Vorgehensweise des Sachverständigen bei der

Kann sich lohnen: Auf dem deutschen Markt seltene Typen wie dieser 2007er Nissan GTR können mit etwas Glück preiswert aus Übersee beschafft werden.

Begutachtung des Importfahrzeuges! In vielen wichtigen Punkten galten jedoch schon vorher entsprechende Vorschriften. Der TÜV SÜD sagt: „Wenn unser Sachverständiger eine Begutachtung eines importierten Fahrzeugs nach § 21 (Vollgutachten) vornimmt, stellt er nicht nur die technischen Mängel, sofern vorhanden, fest, sondern überprüft auch die Übereinstimmung des Fahrzeugs mit den Zulassungsvorschriften in Deutschland."

ANGZWELT.

PRAXISTIPP

Die Importfahrzeug-Richtlinie macht dazu genaue Vorgaben, nach welchen Kriterien ein Fahrzeug überprüft wird und welche Umbaumaßnahmen und Prüfungen erforderlich sind.

Wichtig in diesem Zusammenhang ist die **Etwa-Wirkung:** Bestimmten Bauteilen kann der Sachverständige bedingt durch seine technischen und verkehrsrechtlichen Kenntnisse durch Begutachtung eine Etwa-Wirkung bescheinigen. Einfaches Beispiel: Eine amerikanische Bremsleuchte strahlt rotes Licht ab, wie man es bei europäischen Bremsleuchten gewohnt ist. Sie hat also in etwa die gleiche Wirkung und muss deshalb nicht umgebaut werden, obwohl im Gesetzestext die Ausrüstung mit einer bauartgeprüften (mit EG-/ECE-Kennzeichnung) Bremsleuchte grundsätzlich verlangt wird.

American Muscle Cars: Power-Ausführungen wie der 2015er Dodge Challenger SXT oder der 2015er Dodge Charger sind unter Liebhabern besonders begehrt.

Inzwischen haben Agenturen das Geschäft mit Importfahrzeugen entdeckt und bieten Fullservice: Suchen, Beschaffen, Transportieren und Zulassung in Deutschland. Wie diesen 2017er Ford Mustang V8 GT mit Performance-Paket.

Bei der Begutachtung eines importierten Fahrzeuges muss der amtlich anerkannte Sachverständige auch die technischen Daten für die Erstellung der Zulassungsbescheinigungen festlegen. Dazu gehört unter anderem die abgasseitige Einstufung, die für eine Zulassung in Deutschland erforderlich und auch maßgeblich für die Höhe des jährlichen KFZ-Steuerbescheides ist. In der Regel liegen aber an den TÜV SÜD Service-Centern diese Informationen aus gesicherter Quelle für US-Fahrzeuge und Oldtimer nicht oder nur unvollständig vor. Die **Zentrale Datenblatt-Stelle von TÜV SÜD** in Heilbronn kann hier weiterhelfen und im Bedarfsfall werden diese Datenblätter fahrgestellnummernbezogen zur Verfügung gestellt. Dies erleichtert die Begutachtung nach § 21 (Vollgutachten) erheblich und trägt so auch zur Kostenreduzierung bei.

Allgemeine Tipps zum Fahrzeug-Import

Grundsätzlich muss beim Import von Fahrzeugen unterschieden werden, ob es sich um die Einfuhr eines Fahrzeuges aus den USA und Kanada handelt oder aus einem EU-Land. Auf den folgenden Seiten haben die Spezialisten vom TÜV SÜD einige wesentliche Punkte und Tipps zusammengefasst.

Fahrzeug-Import aus den USA und Kanada

- **Kauf:** einen Neuwagen kauft man am besten bei einem „DMV Licensed Dealer". Die Kaufsteuer ist in den einzelnen Bundesstaaten unterschiedlich hoch, sie muss allerdings nicht bezahlt werden, wenn das Fahrzeug sofort exportiert wird.
- **Garantie:** Einen gesetzlichen Anspruch gibt es nicht; nur wenige Hersteller bieten weltweite Garantien.
- **Zoll:** Der Zoll auf Personenkraftwagen aus den USA oder Kanada beträgt 10 Prozent auf den Kaufpreis (für Motorräder 8 Prozent) – zuzüglich 19 Prozent Einfuhrumsatzsteuer. Für Fahrzeuge, die älter sind als 30 Jahre, fällt nur eine Zollgebühr von 7% an, die Einfuhrsteuer entfällt.

Fahrzeug-Import aus EU-Ländern

- **Kauf:** Verlässt das Fahrzeug nach dem Kauf sofort das Land, gilt der Netto-Preis; in Deutschland muss dann die Mehrwertsteuer bezahlt werden. Die Bezahlung sollte nur gegen Auslieferung des Fahrzeugs geleistet werden – wenn seitens des Lieferanten eine Sicherheit verlangt wird, sollte dies nur in Form einer Bankbürgschaft erfolgen, die bei Lieferung fällig wird.
- Garantie: Die Herstellergarantie für EU-Fahrzeuge gilt zumindest im gesamten europäischen Wirtschaftsraum.

Spezielle Hinweise zum Gebrauchtwagenkauf in den USA

- **Wartung:** Fahrzeuge werden oft nicht so gewartet und gepflegt, wie wir es aus Deutschland kennen. Auch ein jüngst erst durchgeführter Werkstattcheck schützt nicht unbedingt vor (teuren) Reparaturen
- Mängel: Kalifornische Fahrzeuge sind nicht zwangsläufig rostfrei. In den USA gibt es begnadete Spachtelkünstler und eine Lackierung ist relativ billig. Deshalb bei älteren Fahrzeugen zur Fahrzeugbesichtigung einen kleinen Magneten mitnehmen.

- **Schnäppchen:** In den USA wird beim Kauf eines neuen Fahrzeugs großer Wert auf das Modelljahr gelegt. In der Regel wechseln die großen Hersteller im Herbst das „Model Year", d. h. im Herbst 2006 steht bereits die Modellpalette 2007 in den Schaufenstern. In einigen Fällen geschah dieser Wechsel sogar schon im Frühjahr! Bis dahin nicht verkaufte Neufahrzeuge werden dann mit teilweise erheblichen Preisnachlässen angeboten. Hier bietet sich eine gute Gelegenheit, ein „Schnäppchen" zu machen! Anhand der Fahrzeug-Identifikations-Nummer kann auch der Laie ganz einfach das Modelljahr ersehen.
- **Bleifrei:** Ab Modelljahr 1971 vertragen alle US-Fahrzeuge unverbleiten Sprit und müssen nicht mit Bleiersatz-Zumischung gefahren werden.
- **Leistungsangabe:** Die PS-Leistung amerikanischer Fahrzeuge wird seit 1972 in Netto-SAE-PS angegeben. Sie entspricht seitdem halbwegs genau unseren DIN-PS, davor galten die so genannten Brutto-SAE-PS, die erheblich über unseren DIN-Angaben liegen.

Amerikanische Zulassung (Certificate of Title)

Um ein Fahrzeug aus den USA zu exportieren, muss das „Certificate of Title" (kurz: „Title") vorgelegt werden. Ansonsten gibt der US-Zoll ein Fahrzeug in der Regel nicht frei. Der „Title" entspricht in etwa dem deutschen Fahrzeugbrief/Zulassungsbescheinigung Teil II; die Zahl der Vorbesitzer ist daraus allerdings nicht zu erkennen. Aus diesem Papier können das richtige Modelljahr abgelesen und die gefahrenen Kilometer nachvollzogen werden, denn in den USA wird bei jeder Eigentumsübertragung die Laufleistung festgestellt und in den „Title" eingetragen.

Certificate of Origin, Certificate of Title, Certificate of Destruction – die Unterschiede

Das „Certificate of Origin" gibt es nur für Neufahrzeuge. Jedes Fahrzeug, das gebraucht in den USA verkauft wird, muss ein **„Certificate of Title"** haben. Für die Zulassung in Deutschland ist eines der beiden Dokumente unerlässlich. Bei einem Halterwechsel eines gebrauchten Fahrzeuges wird ein neues „Certificate of Title" erstellt. Das Erstzulassungsdatum ist dann spätestens nach dem zweiten Halterwechsel nicht mehr nachvollziehbar, nur noch das Modelljahr (Model Year) wird angegeben.

Die Zulassungsstellen in Deutschland verfahren bei der Angabe „Tag der ersten Zulassung" in der Zulassungsbescheinigung Teil II so, dass im Zweifelsfall der 1. Juli des jeweiligen Baujahres angenommen wird.

Auch der Sachverständige vom TÜV SÜD wird das Fahrzeug bei der Begutachtung nach § 21 StVZO nach den geltenden technischen und zulassungsrechtlichen Vorschriften für dieses Datum prüfen.

Vorsicht ist geboten bei Fahrzeugen, die mit einem so genannten **„Salvage Certificate"** oder **„Certificate of Destruction"** verkauft werden. Hier hat ein Schaden vorgelegen, der die amerikanischen Behörden und Versicherungen veranlasst hat, das Fahrzeug als wirtschaftlichen Totalschaden (ca. 75 % des Ausgangswertes) einzustufen. Dabei kann ein Unfallschaden, Brandschaden oder Wasserschaden ursächlich sein. Der genaue Schadensumfang sollte euch bekannt sein, wenn ihr ein solches Fahrzeug importiert. Aber Vorsicht: In einigen Staaten wie Arizona, Florida, Georgia, Illinois, Maryland, Minnesota, New Jersey, New Mexico, New York, Oklahoma und Oregon kann ein Salvage Title auch bedeuten, dass ein Fahrzeug als gestohlen gemeldet wurde.

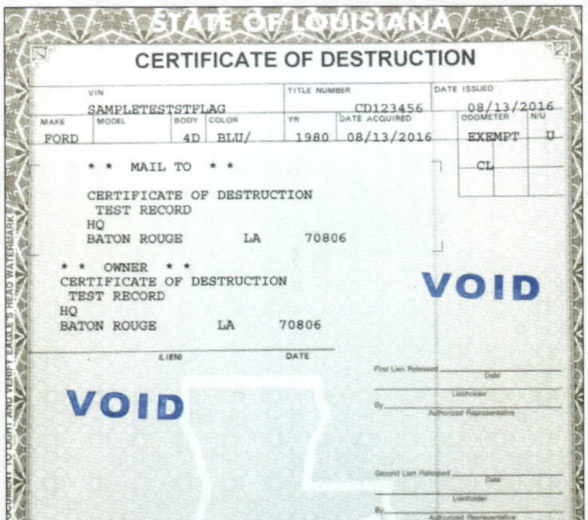
STATE OF LOUISIANA

CERTIFICATE OF DESTRUCTION

VIN				TITLE NUMBER		DATE ISSUED	
SAMPLETESTSTFLAG				CD123456		08/13/2016	
MAKE	MODEL	BODY	COLOR	YR	DATE ACQUIRED	ODOMETER	N/U
FORD		4D	BLU/	1980	08/13/2016	EXEMPT	U

CL

* * MAIL TO * *
CERTIFICATE OF DESTRUCTION
TEST RECORD
HQ
BATON ROUGE LA 70806

* * OWNER * *
CERTIFICATE OF DESTRUCTION
TEST RECORD
HQ
BATON ROUGE LA 70806

VOID

LIEN DATE

VOID

Eine andere Falle ist das so genannte **„Title Washing"**. Der Schaden wird oberflächlich beseitigt und das Auto anschließend von einem Bundesstaat in einen anderen gebracht, um dort ohne diesen „Salvage Title" registriert zu werden. Mit neuen Dokumenten und ohne Hinweis auf den umfangreichen Schaden wird das Auto dann nach Europa exportiert.

Auch beliebt: **„Auto-Clipping"**. Hierbei entsteht unter eskalierendem Einsatz von Trennschleifer und Schweißgerät aus mehreren Schrottfahrzeugen ein fahrbereites Vehikel. Ahnungslose Käufer freuen sich über „einwandfreie" Papiere und sind fortan mit dem Schrotthaufen auf den Straßen des Importlandes unterwegs, obwohl die erforderlichen Reparaturarbeiten nicht ordnungsgemäß durchgeführt wurden.

Sofern durch Nachweis der durchgeführten Reparaturen das Fahrzeug über einen **„Rebuilt Salvage Title"** verfügt, sollte man darauf achten, dass diese Arbeiten durch vorhandene Belege dokumentiert sind.

Bei der Begutachtung durch einen amtlich anerkannten Sachverständigen sind tiefgreifendere Untersuchungen notwendig, die den Kostenrahmen erhöhen können. Hilfreich an dieser Stelle ist unter anderem die Verbraucherschutz-Datenbank CARFAX (https://www.carfax.eu/de), wo sich für kleines Geld die Fahrzeughistorie prüfen lässt.

Wer beim Import ganz auf Nummer Sicher gehen will, kann sich auch an einen der vielen Händler hierzulande wenden, die sich um die Suche, den Kauf und die Einfuhr sowie um die Einzelabnahme des begehrten Traumwagens kümmern.

Detailing als Fließbandarbeit: Hier werden im Akkord Autos für eine Versteigerung in den USA aufbereitet.

ANGZWELT.

PRAXISTIPP

Finger weg, wenn euch ein Fahrzeug ohne „Title" angeboten wird – auch wenn das Angebot noch so verlockend ist.

Das Modelljahr (Model Year) bezeichnet den technischen Stand eines Fahrzeugs: Beim Model Year 1991 wurde das Fahrzeug in der Regel zwischen Herbst 1990 und Herbst 1991 gebaut. Detaillierte Informationen zu Baumonat/-jahr liefert die an der Karosserie angebrachte „Vehicle Identification Number" (VIN = Fahrzeug-Identifikations-Nummer).

Grundregel: Nach Möglichkeit niemals ein Fahrzeug ungesehen auf einer Onlineauktion (z. B. Copart) ersteigern. Besser eine Agentur oder Vertrauensperson vor Ort haben ...

Problemlos: Bei Oldtimern (min. 30 Jahre alt) – wie dem hier gezeigten Dodge Charger Daytona von 1969 – fällt nur eine Zollgebühr von 7 Prozent an, die Einfuhrsteuer entfällt.

Leidiges Thema: Abgasverhalten

Fahrzeuge aus den USA gelten in Deutschland nicht automatisch als schadstoffarm, obwohl seit dem Modelljahr 1983 die meisten „passenger cars" (Pkw) aus den USA mit geregeltem Katalysator bei uns als schadstoffarm eingestuft werden. Nur gilt dies nicht für so genannte „light duty trucks" – also Pick-ups und Mini-Vans. Diese Fahrzeugklasse darf nach den US-Abgasbestimmungen deutlich mehr Abgase emittieren und ist deshalb auch nicht automatisch als schadstoffarm einzustufen.

Ab 1993 gar unterscheidet sich auch der europäische Messzyklus von dem der Amerikaner so deutlich, dass aufgrund der Erfüllung der US-Vorschriften keine Rückschlüsse auf die Erfüllung der EG-Vorschriften möglich sind.

In welchen Fällen braucht man sein importiertes Fahrzeug nicht auf dem Prüfstand messen zu lassen? Hier gilt: Wenn eine Abgaseinstufung des Fahrzeuges (FIN-bezogen) aus gesicherter Quelle (z. B. Fahrzeughersteller/Importeur) vorliegt, entfällt natürlich eine teure Einzelmessung auf dem Prüfstand! Für viele amerikanische Fahrzeuge hat die Fachgruppe IGA bereits Abgasmessungen durchgeführt und kann diese Messergebnisse in Form einer Abgasbestätigung gegen Entgelt zur Verfügung stellen.

Ein Einzelnachweis (z. B. in Form eines Datenblattes) über das Abgasverhalten nach EG muss geführt werden.

ANGZWFLT.

PRAXISTIPP

Reifen aus den USA sind in Deutschland nur dann erlaubt, wenn sie eine EG- oder ECE-Kennzeichnung (Nachweis der Bauartgenehmigung) aufweisen, aus der die Tragfähigkeit und die maximale Geschwindigkeit hervorgehen.

D
FS C 123

OLDTIMER-TUNING

Oldtimer-Tuning

ALTER SCHÜTZT VOR TUNING NICHT

H-Kennzeichen trotz Modifikationen

Wenn ein Fahrzeug mindestens vor 30 Jahren das erste Mal zugelassen wurde, ist es nach der amtlichen Definition ein Oldtimer. Das gilt übrigens in allen 28 Mitgliedsstaaten der EU. Die gute Nachricht zuerst: Tuning und das H-Kennzeichen müssen sich nicht ausschließen. Als Grundvorausetzung für die Erteilung eines der beliebten Kennzeichen, muss sich das Auto im Originalzustand befinden. Allerdings gibt es auch hier durchaus einige Ausnahmen zu beachten. Das wichtigste Kriterium beim Oldtimer-Tuning, damit der Anspruch auf das H-Kennzeichen bestehen bleibt: Die hinzugefügten Karosserie- oder Antriebsteile müssen „zeitgenössisch" sein. Rüstet man beispielsweise einen BMW 2002 mit so genannten Windsplits (Kotflügelspoiler) aus, so ist das eine Modifikation, die in den 1970er Jahren sehr verbreitet war. Ganz ähnlich ist das auch beim Nachrüsten einer „Katzentreppe" bei einem Opel Manta B aus den frühen Achzigern des letzten Jahrhunderts.

Alle Teile, die während der Produktionszeit des Fahrzeugs gerade in Mode und zulassungsfähig waren, können auch im veränderten Zustand als Zeitdokument gültig sein. Hat ein Oldtimer in der üblichen Gebrauchsphase zusätzliche, zeitgenössische Änderungen an der Karosserie, dem Fahrwerk oder auch dem Motor erhalten, geht das für den TÜV bei der Begutachtung meist in Ordnung. Die Modifikationen müssen aber mindestens 30 Jahre alt sein oder innerhalb der ersten 10 Jahre nach Erstzulassung möglich und üblich gewesen sein. Kommt man mit einem VW Käfer

Wie die Zeit vergeht: Der von 1988 bis 1995 gebaute VW Corrado hat bereits seinen Oldtimer-Status erreicht. Gut erhaltene Exemplare sind selten geworden ...

Zeitgenössisches Tuning ist erlaubt.

mit Boxermotor aus dem Porsche 356 oder einem Restomod-Projekt um die Ecke, wird das Unternehmen „H-Kennzeichen" schwieriger bis unmöglich. Aber auch hier ist die Oldtimer-Begutachtung nicht pauschal möglich, sondern muss ganz individuell für das jeweilige Fahrzeug durchgeführt werden.

Das Wort „Restomod" setzt sich übrigens zusammen aus **Re**stored (Restauriert) und **Mo**dified (Modifiziert). Wer also mit einem BMW E21 samt brutaler Tieferlegung und Niederquerschnitt-bereiften 20-Zoll-Felgen um die Ecke rollt, startet einen eher aussichtslosen Anlauf, eine Oldtimer-Zulassung zu bekommen. Denn eine so gewaltige Charak-

Quelle: Ford Werke AG
E/DPS-3
Stand: Sommer 1979

Leistungssteigerung für Escort und Escort RS 2000.

Im großen Ford-RS-Programm finden Sie die vielseitigsten Möglichkeiten für Ihren Escort. Vom kleinen Unterschied bis zum wettbewerbsfähigen Escort RS 2000. Ein kompletter Escort RS 2000 „special" aus der 79er Serie bietet zum Beispiel: 97 kW (132 PS), 2000 ccm

Wenn Ihr Hobby Escort heißt:

Gruppe 1-Motor, verbreiterte tiefergelegte Karosserie, Lederlenkrad, Sportliegesitze, Bilstein-Gasdruckstoßdämpfer, 7½ Zoll-LM-Räder, 235/60 VR-13 Bereifung, Differentialsperre und viele andere interessante Details.

Wertvolles Archiv-Material: Wenn zeitgenössische Tuningteile verbaut wurden, helfen bei der Zulassung auch alte Prospekte, wie hier Unterlagen zum RS-Programm von Ford für den Escort II.

terveränderung ist für einen Oldtimer einfach unpassend. Man muss also den Spagat zwischen *„alles ist machbar"* und *„nur absolute Originalität zählt"* meistern. Das gilt grundsätzlich auch für wichtige Technikkomponenten.

Zu 99 % wird ein vollständig restaurierter Oldtimer nicht mehr mit dem originalen Fahrwerk unterwegs sein. Verbaut man hier beispielsweise ein aktuelles Fahrwerk (z. B. KW) und verpasst dem Oldtimer damit auch eine dezente Tieferlegung, so dürfte in der Regel dem H-Kennzeichen nichts im Wege stehen. Schließlich muss die Verkehrssicherheit zu jedem Zeitpunkt gewährleistet sein und das ist mit einem alten, verschlissenen Fahrwerk in der Regel nicht der Fall. Und damit die Sicherheit im Straßenverkehr gewährleistet ist, muss auch ein Oldtimer mit H-Kennzeichen regelmäßig zur technischen Hauptuntersuchung. Bevor ein Umbau in Kombination mit einem Oldtimer-Gutachten geplant ist, sollte man sich also über die Voraussetzungen für die Zulassung als Oldtimer im Klaren sein. Notfalls einfach bei den Prüforganisationen nachfragen, ob die geplanten Änderungen als zeitgenössisches Tuning einzustufen sind. Schließlich gibt es nichts Besseres, als wenn das Projekt offiziell als erhaltenswertes „kraftfahrzeugtechnisches Kulturgut" zugelassen ist.

ANGZWFLT.
PRAXISTIPP

Sind am Fahrzeug technische Mängel vorhanden, aufgrund derer die Hauptuntersuchung nicht bestanden wird, könnt ihr euch auch den Versuch sparen, das Fahrzeug als Oldtimer begutachten zu lassen. Die Hauptuntersuchung ist Grundvoraussetzung für alle weiteren Schritte.

Zeitgenössische Sportfelgen wie diese Alu-Räder von Zender aus Ende der 1980er Jahre sind erlaubt. Moderne 18- oder 19-Zöller beispielsweise sind für eine Begutachtung als Oldtimer allerdings eher hinderlich …

ANGZWFLT.

Die wichtigsten Grundregeln beim Auf- oder Umbau eines Klassikers

Um ein H-Kennzeichen beantragen zu können, ist eine Begutachtung nach § 23 StVZO (Verleihung zum „kraftfahrzeugtechnischen Kulturgut") erforderlich. Nur mit einem solchen Gutachten ist die Anmeldung des Fahrzeugs als Oldtimer möglich. Zusätzlich zu den Prüfpunkten einer normalen Hauptuntersuchung, deren Bestehen übrigens Voraussetzung für die Begutachtung als Oldtimer ist, kommen noch einige Kriterien hinzu:

Die **Karosserie** muss dem Originalzustand entsprechen, Umbauten z. B. von Coupé auf Cabrio dürfen nur dann erfolgen, wenn diese Version offiziell vom Hersteller angeboten wurde und sie die Karosseriestruktur nicht schwächen (im Normalfall muss eine Freigabe des Herstellers vorliegen). Der Anbau von Kunststoffteilen ist nur möglich, sofern sie nicht vom Original abweichen.

Ein Fahrzeug muss eine zeitgenössische **Lackierung** haben. Effekt- und Mehrfarben-Lackierungen können nur akzeptiert werden, sofern diese vom Hersteller angeboten wurden. Auch Motive (Airbrush) sind nur zulässig als zeitgenössische Design-Variante; dasselbe gilt für Reklamemotive oder Firmenaufschriften.

Generell ist Patina erlaubt – teilweise sogar wertsteigernd, wenn es sich beispielsweise um den Erstlack handelt –, aber das Fahrzeug darf keinen „verbrauchten" Eindruck machen.

Generell gilt: Umbauten, die die Verkehrssicherheit erhöhen, sind ausdrücklich erlaubt. Das gilt natürlich auch für die **Bremsen**. Ein Umbau von einer Einkreis- auf eine Zweikreisbremsanlage ist also problemlos möglich. Eine Umrüstung von Trommel- auf Scheibenbremsen ist hingegen nur erlaubt, wenn diese bei demselben Fahrzeugtyp später serienmäßig vorhanden waren.

So ist der Einbau von modernen **Stoßdämpfern** aus Sicherheitsgründen ratsam, wenn die alten verschlissen sind. Umfangreiche Änderungen am **Fahrwerk** (z. B. umfangreiche Tieferlegung) sind nur möglich, wenn diese zum Zeitpunkt der Herstellung schon angeboten wurden.

Es dürfen ausschließlich **Motoren** aus der Baureihe des verwendeten Typs verbaut sein. Bei Verwendung eines anderen Motors desselben Herstellers muss das Triebwerk mindestens 30 Jahre alt sein. Soll ein Katalysator nachgerüstet werden, muss dazu ein entsprechendes Teilegutachten bzw. eine ABE vorliegen.

Das Nachrüsten von Ausstattungsteilen, die es seinerzeit auch ab Werk gab, ist zulässig. Dazu gehört auch die **Servolenkung**: Originale Bauteile aus der entsprechenden Baureihe können problemlos nachgerüstet werden, ohne den Status für ein H-Kennzeichen in Gefahr zu bringen. Anders sieht es bei den elektrischen Servolenkungen zum Nachrüsten aus bzw. bei Fahrzeugtypen, für die während ihrer Produktionszeit keine Servolenkung angeboten wurde. Hier kommt man auch mit dem Argument der verbesserten Verkehrssicherheit beim Prüfer nicht weiter.

Der Einbau eines **Sportlenkrads** darf nur erfolgen, wenn es vom Hersteller angeboten wurde oder wenn es aus der Zeit der Herstellung stammt und ein gültiges Prüfzeugnis hat.

Im Falle der **Reifen** ist die Umrüstung von Diagonal- auf Radialbereifung möglich, sofern vergleichbare Abmessungen berücksichtigt werden.

Bei der **Abgasanlage** dürfen nur Umbauten mit zeitgenössischem Zubehör erfolgen. Nachbauten sind möglich, wenn keine Verschlechterung des Abgas- und Geräuschverhaltens eintritt.

Bei **Elektrik und Beleuchtung** gilt: Eine modernere und vorschriftsmäßige Beleuchtung kann nach Rücksprache mit dem Sachverständigen angebaut werden. Die Beleuchtung muss aber der StZVO sowie weitgehend dem Originalzustand entsprechen. Der Einbau eines moderneren Radios ist unter bestimmten Voraussetzungen möglich.

Sind alle Kriterien erfüllt, kann der amtlich anerkannte Sachverständige bzw. Prüfingenieur des TÜV ein **Gutachten für das H-Kennzeichen** ausstellen (Begutachtung nach § 23 StVZO – Verleihung zum „kraftfahrzeugtechnischen Kulturgut"). Dafür benötigt man – wie bei der HU – lediglich die Zulassungsbescheinigung Teil I (Fahrzeugschein). Das Gutachten bestätigt, dass alle Anforderungen an Ausstattung, Beschaffenheit, technische Einsatzbereitschaft sowie der allgemeine Gesamtzustand gemäß dem „Anforderungskatalog für die Begutachtung von Oldtimern" erfüllt sind.

Oben und rechte Seite: Hier stimmt etwas nicht: „Oldtimer" und „Luftfahrwerk" passen nicht zusammen. Diese Art des Tunings war damals noch unbekannt ...

Die entscheidenden Kriterien für ein H-Kennzeichen:

- Mindestalter 30 Jahre
- Das Auto muss in einem guten Zustand sein.
- Auch unter dem Auto muss alles passen.
- Verkehrstüchtigkeit muss gegeben sein.
- Importautos müssen die Erstzulassung im Ausland nachweisen.
- Eine Hauptuntersuchung (HU) ist immer erforderlich.
- Importfahrzeuge erhalten eine Vollabnahme.
- Fahrzeuge mit Patina und/oder prominenten Vorbesitzern (James Dean & Co.) können auch als automobiles Kulturgut gelten.
- Zeitgenössisches Tuning ist erlaubt. Alte Prospekte oder Fotos können bei der Vorführung von Vorteil sein.
- Je nach Prüforganisation kostet ein Gutachten zwischen 150 und 200 Euro (zzgl. ca. 30 Euro für neue Nummernschilder).
- Bei großvolumigen Motoren und alten Dieseln ist man oft mit der pauschalen Oldtimer-Steuer von jährlich zur Zeit 191,73 Euro günstiger (mit einem Kleinwagen oder Motorrad eher nicht).
- Oldtimer mit G-Kat und Euro-2-Einstufung sind ohne H-Kennzeichen günstiger.
- Oldtimerkennzeichen steigern nicht zwangsläufig den Wert.

ANGZWELT.
PRAXISTIPP

Wer alle Einzelheiten zum Thema H-Kennzeichen noch mal detailliert nachschlagen möchte, findet beim TÜV SÜD hier alles Wissenswerte:

Unterschied H-Kennzeichen und rotes 07er-Kennzeichen

Als Alternative zum H-Kennzeichen gibt es das 07er-Kennzeichen. Voraussetzung auch hier: Der Wagen muss die H-Kriterien erfüllen. Bei diesen „roten Nummern" handelt es sich allerdings lediglich um eine Genehmigung und nicht um eine „normale" Zulassung. Mit dem 07er-Kennzeichen dürfen Probefahrten sowie Wartungs- und Einstellfahrten durchgeführt werden. Auch die Teilnahme an Oldtimer-Veranstaltungen ist damit möglich. Allerdings ist bereits die Fahrt zur nächsten Tankstelle nach höchstrichterlichem Urteil nicht gestattet.

Auch interessant: Das auf dem 07er-Kennzeichen angemeldete Fahrzeug ist von der Hauptuntersuchung ausgenommen. Allerdings hat ein solches Kennzeichen an einem stark getunten Auto – womöglich noch mit nicht eintragungsfähigen Teilen – nichts verloren.

Sinnvoll ist diese Kennzeichenvariante für alle, die den Wagen nur gelegentlich bewegen oder einen kleinen Fuhrpark in der Garage stehen haben und das 07er-Schild als Wechselkennzeichen einsetzen.

Über 30.000 Oldtimer sind zur Zeit in Deutschland angemeldet, die meisten davon in den Bundesländern Nordrhein-Westfalen, Bayern und Baden-Württemberg. An gut 4000 Oldies ist ein 07er Kennzeichen montiert.

ANGZWEIFELT.
ANGEZWEIFELT.

KW gewindefahrwerke V5
„Die vierfach einstellbare und erfolgreich im Motorsport eingesetzte KW Verdrängerkolben-Technologie gibt es nun auch in der Variante 5 für den Straßeneinsatz“
SIDNEY HOFFMANN
Geschäftsführer Sidney Industries GmbH
SIDNEY INDUSTRIES
FÜR JEDEN ANSPRUCH DAS RICHTIGE FAHRWERK.
KW
www.KWsuspensions.de

IN X 4087
Audi Vorsprung durch Technik
quattro